无障碍城市（县）建设技术指南

WUZHANG'AI CHENGSHI（XIAN）JIANSHE JISHU ZHINAN

住房和城乡建设部标准定额研究所
中国建筑标准设计研究院有限公司 编著

中国计划出版社
·北 京·

图书在版编目（CIP）数据
无障碍城市（县）建设技术指南 / 住房和城乡建设部标准定额研究所，中国建筑标准设计研究院有限公司编著. -- 北京 : 中国计划出版社, 2024. 11. -- ISBN 978-7-5182-1745-8
Ⅰ. TU242-62
中国国家版本馆CIP数据核字第2024FF4554号

策划编辑：沈　建　　　　封面设计：韩可斌

中国计划出版社出版发行
网址：www. jhpress. com
地址：北京市西城区木樨地北里甲11号国宏大厦C座4层
邮政编码：100038　电话：（010）63906433（发行部）
北京汇瑞嘉合文化发展有限公司印刷

880mm×1230mm　1/16　9.5印张　161千字
2024年11月第1版　2024年11月第1次印刷

定价：90.00元

编　写　人　员

主　　编： 陈　波　李存东

副主编： 严盛虎　曹　彬

编写人员： 住房和城乡建设部标准定额研究所　刘　咏　于思琪　赵晓华　田　涛　袁　蒴

中国建筑标准设计研究院有限公司　李姝婷　代丹丹　解辰飞　张罗希　胡文慧　朱俊红　董奕彤

序一　加速建设城市（县）无障碍宜居环境

无障碍环境为残疾人、老年人以及其他有需求的人自主、安全、便捷地融入社会生活提供便利，已逐步成为公共场所、公共建筑应当具备的基本性能。1963年国际残疾人行动计划提出“以健全人为中心的社会是不健全的社会”，无障碍的概念开始形成。经过几十年的发展，服务对象已从残障人士逐渐扩大到老人、儿童、病患、携带重物者等有同样需求的群体。2024年10月，联合国人权理事会通过中国提交的《无障碍建设促进所有人享有人权》决议，充分证明无障碍环境建设是促进全体人民平等、充分、便捷地参与和融入社会生活、共享经济社会发展成果的重要保障。

我国无障碍建设始于20世纪80年代，经历了从无到有、从点到面以及在实践中不断摸索、逐步规范、质量持续提升的过程，特别是党的十八大以来，以习近平同志为核心的党中央高度重视无障碍工作，推动无障碍建设取得了显著成效。法规标准体系日趋完善，2012年首部国家标准《无障碍设计规范》发布，2021年全文强制性工程建设规范《建筑与市政工程无障碍通用规范》发布，从技术法规角度为无障碍设施建设提出了明确的技术底线要求，2012年国务院颁布《无障碍环境建设条例》，2023年全国人大常委会通过《无障碍环境建设法》，从法律法规层面为无障碍环境建设提供了坚实保障。无障碍建设成果丰硕，各地积极建立工作机制，把无障碍建设改造融入城乡建设工作统筹推进，坚持问题导向落实建设要求，突出质量要求先行打造样板，以人为本引入多方参与，以北京冬奥场馆、大兴国际机场、杭州亚运场馆等为代表，涌现出一批无障碍建设优秀典型案例，在体验、示范、科技、审美等方面充分展示出我国国家综合实力。

当前，我国城镇化率达到66.16%，城市建成区面积达到6.4万平方公里，城镇常住人口达到9.3亿。无障碍作为城市高质量发展和城市宜居环境提升要素，必须充分应对我国人口老龄化需求和特殊人群需求，强化补短板思维和“有没有”向“好不好”转变的品质提升思维。以城市（县）建成区为载体做好无障碍环境建设，将直接惠及包括常住人口和流动人口在内的十亿以上人口，保障和改善民生作用显著。

住房和城乡建设部标准定额研究所长期深耕于工程建设领域全过程标准、工程造价以及项目评价的科学研究与技术管理，践行专业权威、改革创新、团结合作、卓越进取的核心价值理念，为住房城乡建设事业发展提供技术支撑。在无障碍环境建设方面，协助住房和城乡建设部标准定额司翻译联合国亚太经社委员会《建立残疾人无障碍物质环境导则及事例》，编写出版《无障碍建设指南》和《家庭无障碍建设指南》，为我国无障碍标准编制打下良好基础，为各类场所建设提供明确指导；系统翻译英国、美国、澳大利亚等国无障碍法案和标准，为国际对比提供详实资料；主编出版《无障碍设施建设图集》和《无障碍设施建设技术手册》，推动无障碍国家标准实施。同时，密切配合推动"十五"城市试点、"十一五"百城创建、"十二五"市县创建和"十三五"市县村镇创建工作，推进无障碍环境普及。

无障碍环境建设是增进民生福祉的内在要求，是实现城市高质量发展的重要内容，无障碍环境为全体社会成员自由融入社会生活提供基础保障，充分体现社会发展成果和社会文明进步。为助力我国无障碍环境更快更好建设，让人民群众生活得更方便、更舒心、更美好，住房和城乡建设部标准定额研究所会同中国建筑标准设计研究院有限公司，精心组织力量，认真总结经验，共同编写完成《无障碍城市（县）建设技术指南》，从技术层面对无障碍城市（县）建设相关要求、关键要素、设计要点和标准差异进行总结，并通过图片对正确案例、错误案例进行简明讲解。希望帮助相关人员能够更好地掌握无障碍要素，有关方面能够用更短时间、更高质量打造出更多的无障碍宜居城市（县）。

让我们共同努力，齐心协力，不断提升我国人居环境品质，为中国式现代化交付美好答卷！

陈波

住房和城乡建设部标准定额研究所所长

2024年10月

序二　高质量全方位推进城市无障碍环境建设

随着我国人口老龄化进程加快和城市高质量发展需求提升，无障碍环境建设已成为当前备受关注的焦点问题。党的二十大对增进民生福祉、提高人民生活品质做出一系列重要部署，明确提出“完善残疾人社会保障制度和关爱服务体系，促进残疾人事业全面发展”。《政府工作报告》连续7年对无障碍工作做出部署，2024年提出“推动解决老旧小区加装电梯、停车等难题，加强无障碍、适老化设施建设，打造宜居、智慧、韧性城市”。2023年9月1日我国正式实施《无障碍环境建设法》，这是我国首次就无障碍环境建设制定的专门性法律，《无障碍环境建设法》为无障碍设施建设、无障碍信息交流、无障碍社会服务等提供了坚实的法律保障。这些政策法律的提出体现了政府对于提升无障碍环境建设水平的决心，旨在为残疾人、老年人等群体提供更加便捷、安全、舒适的生活环境，促进他们社会参与的深入和生活质量的提升。

“十四五”时期，中国残联、住房和城乡建设部等13部门联合印发的《无障碍环境建设“十四五”实施方案》中明确，到2025年，无障碍环境建设法律保障机制更加健全，无障碍基本公共服务体系更加完备，信息无障碍服务深度应用，无障碍人文环境不断优化，城乡无障碍设施的系统性、完整性和包容性水平明显提升，支持110万户困难重度残疾人家庭进行无障碍改造，加快形成设施齐备、功能完善、信息通畅、体验舒适的无障碍环境，方便残疾人、老年人生产生活，增强人民群众获得感、幸福感、安全感，为2035年实现安全便捷、健康舒适、多元包容的无障碍环境奠定基础。

多年来，中国建筑标准设计研究院有限公司致力于推进无障碍设施建设、无障碍环境认证技术体系、无障碍智能化产品科技创新多元发展。成立无障碍技术研究中心，由全国人大常委会委员吕世明担任首席专家，孟建民、王建国院士领衔技术团队，专注于无障碍、适老化、全龄友好的理论技术研究和项目实践。政策研编方面，参与研编住房和城乡建设部、中国残联等无障碍、适老化政策文件10余项。课题研究方面，长期承担国家、部委、地方重要科研项目课题研究，包括部委课题“住房城乡建设系统贯彻实施无障碍环境建设法政策机制和标准实施研究”“城市建设适老化转型技术应用研究”等。国标图集方面，编制出版《无障碍设计》《老年人居住建筑》《儿童福利院标准设计样图》《医疗建筑》等。项目实践方面，完成2022年北京冬奥会国家残疾人冰上运动比赛训练馆无障碍专项总承包、中国残疾人体育综合训练基地、通州学校全龄友好改造、中国康复研究中心装修改造、北京首开寸草学知园养老介护设施设计等项目，以及雄安新区无障碍政策、图集、检查第三方服务等地方咨询项目。项目屡获全国优秀工程勘察设计行业奖，以及全国无障碍设施设计精品案例等无障碍行业最高荣誉。平台资质方面，拥有全国首批无障碍环境认证资质、CMA\CNAS无障碍检验检测能力等。

新发展阶段、新发展理念、新发展格局下，住房和城乡建设部等对创建全国无障碍建设示范城市（县）提出了新要求，《无障碍城市（县）建设技术指南》深入剖析了安全便捷、健康舒适、多元包容19项考评指标落实的关键要素、达标标准、案例图示，深入对比分析了88版、01版、12版、21版无障碍规范要求，为开展不同时期的无障碍设施建设改造提供标准指引，对新时代高质量推进无障碍环境建设发展具有十分重要的意义。

在此，衷心希望本书能够成为推动无障碍环境建设高质量发展的一块重要基石，激发更多思考与行动，让无障碍成为城市文明的新常态，有力保障包括残疾人、老年人等在内的全体社会成员平等、充分、便捷地参与和融入社会生活，共享经济社会发展成果。

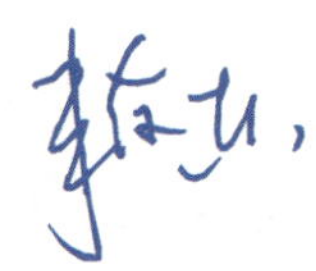

全国勘察设计大师
中国建筑标准设计研究院有限公司党委书记、董事长
中国建筑学会秘书长
2024年10月

前　　言

随着我国社会经济发展和人口结构改变，无障碍环境建设越来越成为社会各界关注和讨论的热点问题，成为宜居环境建设的必要内容。2023年我国人均GDP达到1.27万美元，接近世界银行划设的高收入经济体人均水平门槛，与此同时，我国人口结构发生显著变化，家庭户均人口从1990年的3.96人降低到2020年的2.62人，人口平均预期寿命从1990年的68.55岁上升到2021年的78.2岁，65岁及以上老龄人口比重从1990年的5.57%上升到2022年的14.9%（60岁及以上为19.8%），预计到2035年我国60岁以上老龄人口比重将超过30%。家庭规模缩小，平均寿命延长，老龄人口比重大幅增长，要求公共设施建设做出相应改变。无障碍设施从自主、安全、便利三个角度，有效降低了残疾人、老年人等特殊群体融入社会的生理限制和年龄限制，推进无障碍环境建设符合我国的社会需求现状。

2022年7月22日，住房和城乡建设部、中国残联印发《创建全国无障碍建设示范城市（县）管理办法》（以下简称《管理办法》），以落实新时期高质量发展要求为目标，鼓励城市（县）在建成区内自主开展无障碍环境创建、自愿申报全国无障碍建设示范城市（县）命名，并以2年为一个周期开展申报和评选活动，旨在通过示范城市（县）评选促进全国无障碍环境建设，推动无障碍环境及设施从“有没有”向“好不好”转变。

根据《管理办法》要求，结合开展无障碍相关工作的经验和思考，我们编写了这本《无障碍城市（县）建设技术指南》，给出了城市（县）无障碍环境建设的意见建议，探讨了《管理办法》附件《创建全国无障碍建设示范城市（县）考评标准》中19项指标落实的关键要素，归纳总结了不同时期无障碍标准规范之间的差别，供大家在无障碍城市建设和创建全国无障碍建设示范城市（县）过程中参考。

在本书付梓之际，我们真诚地感谢住房和城乡建设部城市建设司给予的大力支持。

本书立足于打造无障碍宜居城市（县），强化指导性、实践性、时代性，涉及内容多，指标复杂，编写过程难免疏漏，恳请广大读者批评指正！

编写组

2024年10月

目　录

第一章 《管理办法》相关要求

2020年9月，习近平总书记在湖南考察时指出："无障碍设施建设问题，是一个国家和社会文明的标志，我们要高度重视。"

无障碍环境充分体现了社会发展成果和社会文明进步，是增进民生福祉的内在要求，也是实现城市高质量发展的重要内容；是促进全体社会成员平等、充分、便捷地参与和融入社会生活、共享社会发展成果的重要保障，也是宜居环境和公共场所建设水平的具体体现。

《无障碍环境建设法》第五十七条规定："文明城市、文明村镇、文明单位、文明社区、文明校园等创建活动，应当将无障碍环境建设情况作为重要内容"；第十一条规定："对在无障碍环境建设工作中做出显著成绩的单位和个人，按照国家有关规定给予表彰和奖励"。

2022年7月22日，住房和城乡建设部、中国残联印发《创建全国无障碍建设示范城市（县）管理办法》（建城〔2022〕58号，以下简称《管理办法》）。《管理办法》以创建活动为抓手促进无障碍宜居环境建设发展，对开展创建和表彰活动进行了规范，加强了对创建"全国无障碍建设示范城市（县）"的指导监督。《管理办法》对创建原则、创建主体、区域范围等均有明确要求。

（一）创建原则

创建全国无障碍建设示范城市（县）遵循自愿申报、自主创建、科学认定、动态管理、持续建设和复查的原则。

（二）创建主体

全国无障碍建设示范城市（县）的创建主体是城市（含直辖市的区）、县人民政府。

（三）创建区域范围

全国无障碍建设示范城市（县）的创建区域范围为城市（含直辖市的区）、县的建成区。

县的建成区参考《中国县城建设统计年鉴2021》把握。

（四）示范城市（县）申报条件

申报城市（县）应具备以下七项条件：

1. 对照《管理办法》附件《创建全国无障碍建设示范城市（县）考评标准》（以下简称《考评标准》），提出创建目标，制定创建工作方案，编制无障碍环境建设发展规划，制定无障碍设施建设和改造计划，在创建周期内能够达到相应要求。

2. 建立无障碍环境建设工作协调机制，制定需要的地方性法规或规章制度。

3. 加强无障碍设施的运行维护管理，并广泛发挥社会监督作用。

4. 组织开展无障碍环境建设培训和宣传工作。

5. 积极推进信息无障碍建设，提供无障碍信息交流服务。

6. 对包括残疾人、老年人在内的社会成员开展满意度调查，满意度达到80%以上。

7. 近2年未发生严重违背无障碍环境建设的事件，未发生重大安全、污染、破坏生态环境、破坏历史文化资源等事件，未发生严重违背城乡发展规律的破坏性“建设”行为，未被省级以上人民政府或住房和城乡建设主管部门通报批评。

（五）创建程序

创建全国无障碍建设示范城市（县）每2年开展一次评选，奇数年为申报年，偶数年为评选年。

申报年主要有三项工作：①市县申报。申报地方向省级住房和城乡建设主管部门报送创建申请报告，提出创建目标和方案。其中，直辖市作为申报地方的，由直辖市人民政府将创建申请报告报送住房和城乡建设部。②省级初审。省级住房和城乡建设主管部门、残联对创建地方报送的申请报告进行初审。对通过初审的地方，于申报年的6月30日前将申报材料报送住房和城乡建设部。③审核确认。住房和城乡建设部、中国残联于申报年的12月31日前审核确认创建地方名单。

评选年主要有两项工作：①省级评估。省级住房和城乡建设主管部门、残联对照

《考评标准》组织评估，对评估总分达80分（含）以上的申报地方，由省级住房和城乡建设主管部门于评选年的6月30日前将评选认定材料报送住房和城乡建设部。其中，直辖市作为申报地方的，自行组织评估达标后由直辖市人民政府将评选认定材料报送住房和城乡建设部。②评选认定。住房和城乡建设部、中国残联于评选年的12月31日前完成认定命名。

（六）评选认定材料

评选认定主要包括八项：

1.创建申请报告。

2.创建工作情况报告。

3.创建范围示意地图。

4.申报城市（县）的自体检报告，其中应包括《考评标准》各项指标情况。

5.评估结果及有关依据资料。

6.不少于4个能够体现本地无障碍环境建设成效和特色的示范项目相关资料。其中，城市至少提供2个以上街道、社区级示范项目，县至少提供2个以上镇、村级示范项目。

7.创建工作影像资料（5分钟内）或图片资料。

8.能够体现工作成效和特色的其他资料。

（七）评选认定程序

评选认定程序包括评选认定材料预审、第三方评价、社会满意度调查、现场考评、综合评议、公示及命名六个环节。

创建全国无障碍建设示范城市（县）建议名单在住房和城乡建设部门户网站公示。公示无异议的，由住房和城乡建设部、中国残联正式命名。

（八）动态管理及复查

创建全国无障碍建设示范城市（县）命名有效期为5年。

已获创建全国无障碍建设示范城市（县）命名的地方应于有效期满前一年提出复查申请，并提交自评报告。未申请复查的，称号不再保留。

复查按照现行的管理办法和考评标准开展。复查通过的，继续保留称号。复查未通过且在一年内整改不到位的，撤销称号。

（九）考评指标设置

考评指标围绕安全便捷、健康舒适、多元包容三项目标，设置了19项具体指标。

在“安全便捷”目标方面，涉及道路、公共交通、市内公共交通线路、应急避难场所四类场所，具体有6项指标，分别是：新建道路通达率、既有道路无障碍改造达标率、新建公共交通设施通达率、既有公共交通设施无障碍改造达标率、市内公共交通线路无障碍达标率、应急避难场所无障碍设施设置率。

在“健康舒适”目标方面，涉及居住社区、居住建筑、残疾人家庭、老年人家庭四类场所，具体有6项指标，分别是：新建居住社区无障碍设施设置率、既有居住社区无障碍改造达标率、新建居住建筑无障碍设施设置率、既有居住建筑无障碍改造达标率、困难重度残疾人家庭无障碍改造率、特殊困难老年人家庭适老化改造率。

在“多元包容”目标方面，涉及公共建筑、公园绿化活动场地和广场、独立式公共厕所、福利及特殊服务建筑四类场所，以及政府网站和政务APP、无障碍信息交流两项服务，具体有7项指标，分别是：新建公共建筑无障碍设施设置率、既有公共建筑无障碍改造达标率、公园绿化活动场地和广场无障碍设施设置率、独立式公共厕所无障碍设施设置率、福利及特殊服务建筑无障碍设施设置率、政府网站政务APP无障碍和适老化建设达标率、无障碍信息交流服务覆盖率。

第二章 指标解读

指标一 新建道路通达率

1. 考评范围： 自申报年起考评期内新建道路（含在建），包括：城市各级道路，城镇主要道路，步行街，旅游景点、城市景观带的周边道路。

2. 指标释义： 符合无障碍要求的新建道路数量占新建道路总数比例。

3. 指标类型： 底线指标。

4. 指标要求： 100%。

5. 评分标准： 5分。达到100%，得5分；不达标，不得分。

6. 考评依据：《建筑与市政工程无障碍通用规范》GB 55019—2021、《无障碍设计规范》GB 50763—2012、《无障碍设施施工验收及维护规范》GB 50642—2011。

7. 考评方法： 对考评范围内的道路进行检查，通过查验施工图、竣工验收报告、现场检查等方式判定是否符合无障碍要求。

8. 达标标准： 人行道、人行横道、人行天桥及地道提供连贯的无障碍通行流线。无障碍通行流线上的缘石坡道、盲道、无障碍通道、轮椅坡道、无障碍电梯、过街音响设备等无障碍设施设置符合标准规范要求；无障碍通行流线上的设施不妨碍障碍群体独立通行；无障碍标识连续并清楚地指明无障碍设施的位置和方向。

9. 考评重点： 人行道、人行横道、人行天桥地道均应进行无障碍设计，详见表2-1~表2-3。

表2-1 人行道无障碍考评重点

考评重点	主要建设要求	条目索引
缘石坡道	人行道在各种路口、各种出入口位置必须设置缘石坡道	GB 50763—2012 第4.2.1条
	人行横道两端必须设置缘石坡道	
盲道	城市主要商业街、步行街的人行道应设置盲道	GB 50763—2012 第4.2.2条
	视觉障碍者集中区域周边道路应设置盲道	
	坡道的上下坡边缘处应设置提示盲道	
	道路周边场所、建筑等出入口设置的盲道应与道路盲道相衔接	
轮椅坡道	人行道设置台阶处应同时设置轮椅坡道	GB 50763—2012 第4.2.3条
	轮椅坡道的设置应避免干扰行人通行及其他设施的使用	
服务设施	服务设施的设置应为残障人士提供方便	GB 50763—2012 第4.2.4条
	宜为视觉障碍者提供触摸及音响一体化信息服务设施	
	设置屏幕信息服务设施，宜为听觉障碍者提供屏幕手语及字幕信息服务	
	低位服务设施的设置应方便乘轮椅者使用	
	设置休息座椅时，应设置轮椅停留空间	

表2-2 人行横道无障碍考评重点

考评重点	主要建设要求	条目索引
人行横道宽度	人行横道宽度应满足轮椅通行需求	GB 50763—2012 第4.3.1条
安全岛	人行横道安全岛的形式应方便乘轮椅者使用	
过街音响提示装置	城市中心区及视觉障碍者集中区域的人行横道应配置过街音响提示装置	
	应保证视觉障碍者的通行安全，且有利于辨别方向	GB 55019—2021 第4.0.8条
	应在主要商业街、步行街和视觉障碍者集中区域周边道路的人行横道设置	
	应结合人行横道信号灯统一设置	
	应避免产生噪声污染	
	应设置开关功能	

表2-3　人行天桥及地道无障碍考评重点

考评重点	主要建设要求	条目索引
盲道	设置于人行道中的行进盲道应与人行天桥及地道出入口处的提示盲道相连接	GB 50763—2012 第4.4.1条
	人行天桥及地道出入口处应设置提示盲道	
	距每段台阶与坡道的起点与终点250~500mm处应设提示盲道，其长度应与坡道、梯道相对应	
坡道	要求满足轮椅通行需求的人行天桥及地道处宜设置坡道，当设置坡道有困难时，应设置无障碍电梯	GB 50763—2012 第4.4.2条
	坡道的净宽度不应小于2.00m	
	坡道的坡度不应大于1∶12	
	弧线形坡道的坡度应以弧线内缘的坡度进行计算	
	坡道的高度每升高1.50m时，应设深度不小于2.00m的中间平台	
	坡道的坡面应平整、防滑	
扶手	人行天桥及地道在坡道的两侧应设扶手，扶手宜设上、下两层	GB 50763—2012 第4.4.3条
	在栏杆下方宜设置安全阻挡措施	
	扶手起点水平段宜安装盲文铭牌	
防护设施	人行天桥桥下的三角区净空高度小于2.00m时，应安装防护设施，并应在防护设施外设置提示盲道	GB 50763—2012 第4.4.5条

10.典型案例：见表2-4。

表2-4　新建道路典型案例

点位	正确案例	错误案例
人行道交叉路口	 转角处设置全宽式缘石坡道	 问题1：缘石坡道宽度小于1.2m； 问题2：坡口与车行道存在较大高差； 问题3：坡口下缘未设提示盲道

续表

点位	正确案例	错误案例
人行道路口	 三面坡缘石坡道	 问题1：阻车桩间距小于900mm； 问题2：正面坡口宽度小于1.2m； 问题3：盲道未与相邻人行道铺面的颜色或材质形成差异
人行道路口	 转角处设置全宽式单面坡缘石坡道	 问题1：缘石坡道上下坡处设置了雨水箅子； 问题2：坡面不平整； 问题3：缘石坡道距坡道下口路缘石250~300mm处未设置提示盲道
人行道路口	 在人行道纵向设置了与其等宽的全宽式缘石坡道	 人行道尽端未设置缘石坡道

续表

点位	正确案例	错误案例
人行道	 距坡道下口路缘石250~300mm处应设置提示盲道，提示盲道的长度应与缘石坡道的宽度相对应	 问题1：缘石坡道上盲道设置有误； 问题2：盲道未与相邻人行道铺面的颜色或材质形成差异
盲道	 行进盲道距绿化带250~500mm	 问题1：行进盲道与树池交叉，宜距树池边缘小于250~500mm； 问题2：盲道未与相邻人行道铺面的颜色或材质形成差异； 问题3：盲道纹路凸起高度小于4mm
盲道	 当行进盲道要向左转或向右转时，在转角处要铺设不小于行进盲道宽度的提示盲道，告知视觉障碍者盲道转弯的路线位置	 行进盲道转弯处未设置提示盲道

续表

点位	正确案例	错误案例
安全岛	 安全岛无高差，方便乘轮椅者通行	 安全岛与地面存在高差，不便于乘轮椅者通行
人行天桥	 人行道中的行进盲道应与人行天桥及地道出入口处的提示盲道相连接，人行天桥设置坡道满足轮椅通行	 问题1：人行天桥出入口处未设置提示盲道； 问题2：人行天桥扶手末端未向下成弧形或延伸到地面上固定； 问题3：人行天桥桥下的三角区净空高度小于2.00m处未安装防护设施及未在防护设施外设置提示盲道
过街音响提示装置	 城市中心区的人行横道配置过街音响提示装置	 城市中心区的人行横道未配置过街音响提示装置

指标二　既有道路无障碍改造达标率

1.考评范围：申报年1月1日前已建成使用并纳入考评期改造计划的既有道路，具体范围参照新建道路。

2.指标释义：符合无障碍要求的既有道路改造数量占既有道路改造数量比例。

3.指标类型：导向指标。

4.指标要求：80%。

5.评分标准：6分。

既有道路改造数量指纳入中长期改造规划且列入申报年至考评年年度改造计划的既有城市道路数量。其中，符合无障碍要求的既有道路改造数量占比达到80%及以上，得6分，未达到则按比例计分，例如：达到65%，得4.9分（65%÷80%×6=4.9，保留1位小数，下同）。

6.豁免条款：豁免条款不是针对改造范围，而是针对改造标准。受客观条件限制，当改造项目条件不具备或执行现行标准规范有困难时，适用豁免条款。此时，改造标准应不低于原建造时的标准，改造重点是因地制宜设置无障碍设施，或提供辅助措施、服务措施，满足无障碍通行需要。例如，当人行天桥和人行地道不具备设置轮椅坡道、无障碍电梯条件时，可设置无障碍标示指示牌，指导有需求的人到临近配备无障碍设施的地点通行。

指标三　新建公共交通设施通达率

1. 考评范围： 自申报年起考评期内新建公共交通设施（含在建），包括：汽车客运站、轨道交通车站、铁路旅客车站、民用机场旅客航站区、客运码头。

2. 指标释义： 符合无障碍要求的新建公共交通设施数量占新建公共交通设施总数比例。

3. 指标类型： 底线指标。

4. 指标要求： 100%。

5. 评分标准： 5分。达到100%，得5分；不达标，不得分。

6. 考评依据：《建筑与市政工程无障碍通用规范》GB 55019—2021、《无障碍设计规范》GB 50763—2012、《无障碍设施施工验收及维护规范》GB 50642—2011、《地铁设计规范》GB 50157—2013、《城市轨道交通工程项目规范》GB 55033—2022、《交通客运站建筑设计规范》JGJ/T 60—2012、《铁路旅客车站设计规范》TB 10100—2018、《民用机场旅客航站区无障碍设施设备配置技术标准》MH/T 5047—2020。

7. 考评方法： 对考评范围内的新建公共交通设施逐一检查，通过查验施工图、竣工验收报告、现场检查等方式判定是否符合无障碍要求。

8. 达标标准： 新建公共交通设施应提供连贯的无障碍通行流线，直至旅客座位。无障碍通行流线上的出入口、检票口、轮椅坡道、无障碍通道、无障碍电梯、无障碍厕所及无障碍厕位、低位服务设施等应符合标准规范要求。停车场设置无障碍停车位。大型场所设置无障碍行进路线图。无障碍标识连续并清楚地指明无障碍设施的位置和方向。

9. 考评重点：

（1）汽车客运站。地面应平整、防滑、不积水。主要出入口应为无障碍出入口。门厅、售票厅、候车厅、检票口等旅客通行的室内走道应为无障碍通道。应设置无障碍厕所或无障碍厕位。服务台应设低位设施。站台高度与车厢地板基本平齐。详见表2-5。

表2-5　汽车客运站无障碍考评重点

考评重点	主要建设要求	条目索引
站前广场	站前广场人行通道地面应平整、防滑、不积水，有高差时应做轮椅坡道	GB 50763—2012 第8.9.2条
出入口	出入口建筑物至少应有1处为无障碍出入口，宜设置为平坡出入口，且宜位于主要出入口处	
无障碍通道	门厅、售票厅、候车厅、检票口等旅客通行的室内走道应为无障碍通道	
公共厕所	供旅客使用的男、女公共厕所每层至少应有1处设置无障碍设施，或在男、女公共厕所附近应设置1个无障碍厕所，且建筑内至少应设置1个无障碍厕所	
楼梯	供公众使用的主要楼梯应为无障碍楼梯	
低位窗口	行包托运处（含小件寄存处）应设置低位窗口	
	一、二级交通客运站应至少设置1个无障碍售票窗口	JGJ/T 60—2012 第6.3.3条
母婴候乘厅	一、二级交通客运站应设母婴候乘厅，其他站级可根据需要设置，并应邻近检票口。母婴候乘厅内宜设置婴儿服务设施和专用厕所	JGJ/T 60—2012 第6.2.2条
无障碍候乘区	候乘厅内应设无障碍候乘区，并应邻近检票口；候乘厅与站台之间应满足无障碍通行要求	
无障碍电梯或无障碍坡道	当候乘厅与入口不在同层时，应设置自动扶梯和无障碍电梯或无障碍坡道	

（2）轨道交通车站。出入口和城市道路人行系统应无障碍连通。售票口、售票机应设低位设施。检票口应设无障碍检票通道。应设置无障碍厕所或无障碍厕位。车厢门外的站台等候区宜设提示盲道。站台高度与车厢地板基本平齐。车厢内部设无障碍席位。详见表2-6。

表2-6　轨道交通车站无障碍考评重点

考评重点	主要建设要求	条目索引
无障碍通道	车站内设置的无障碍通道应与城市无障碍通道衔接	GB 50157—2013 第9.8.6条
无障碍电梯	车站应设置无障碍电梯	GB 50157—2013 第9.8.2条
无障碍检票通道	城市轨道交通车站检票口应至少设置一处无障碍专用检票通道	GB 55033—2022 第5.4.7条
无障碍厕所	车站内应设置无障碍厕所	GB 50157—2013 第9.8.7条

注：目前，国家标准《地铁设计规范》GB 50157—2013、《城市轨道交通工程项目规范》GB 55033—2022对轨道交通车站提出了无障碍总体要求，具体要求可参照北京市地方标准《城市轨道交通无障碍设施设计规程》DB 11/690—2016。

（3）铁路旅客车站。地面应平整、防滑、不积水。主要出入口应为无障碍出入口。进站大厅、售票厅、候车厅等旅客通行的室内走道应为无障碍通道。铁路旅客车站应设置无障碍厕所或无障碍厕位，服务台应设低位设施。检票口应设无障碍检票通道。站台配备电梯时，应设置无障碍电梯。车厢门外的站台等候区宜设提示盲道。站台高度与车厢地板基本平齐，或配置活动的坡道板。详见表2-7。

表2-7 铁路旅客车站无障碍考评重点

考评重点	主要建设要求	条目索引
无障碍流线	铁路旅客车站无障碍流线应连续、完整，并应与市政交通无障碍设施衔接	TB 10100—2018 第12.0.1条
车站广场	站房平台与车站广场地面间有高差时，应设缘石坡道或轮椅坡道。设置轮椅坡道有困难时，应采用无障碍电梯。设置无障碍电梯有困难的，可设置升降平台。缘石坡道和轮椅坡道应邻近与行动障碍旅客有关的设施和建筑的主要出入口	TB 10100—2018 第12.0.3条
集散厅	1.集散厅出入口应为无障碍出入口； 2.进站集散厅与候车区（厅、室）之间、集散厅与地面层之间有高差时，应设置轮椅坡道或无障碍电梯、升降平台等升降设施； 3.出站集散厅内地面有高差时，应设置轮椅坡道或无障碍电梯、升降平台等升降设施； 4.实名制验票区应至少设置1处低位窗口，验票通道净宽不应小于0.9m	TB 10100—2018 第12.0.4条
候车区（厅、室）	1.出入口应为无障碍出入口； 2.轮椅候车席位宜临近进站检票口及无障碍升降设施，并可分区集中设置； 3.每个轮椅候车席位的占地面积不应小于1.10m×0.80m； 4.通道应符合无障碍通行要求； 5.轮椅候车席位处的地面应设置无障碍标志	TB 10100—2018 第12.0.5条
售票厅、行包托取处	1.出入口应为无障碍出入口； 2.人工售票窗口应至少设置1处低位窗口	TB 10100—2018 第12.0.6条
楼梯、台阶	供旅客使用的楼梯、台阶应为无障碍楼梯、台阶	TB 10100—2018 第12.0.8条
无障碍电梯	1.特大型、大型铁路旅客车站应设置与站台相通的无障碍电梯； 2.中型铁路旅客车站设置坡道有困难时，应设置与站台相同的无障碍电梯或预留电梯井道；预留电梯井道时，应设置无障碍升降平台或爬楼车等升降设施； 3.小型铁路旅客车站设置坡道有困难时，应设置无障碍升降平台或牌楼车等升降设施； 4.改建铁路旅客车站设置坡道或无障碍电梯有困难时，应设置障碍升降平台或牌楼车等升降设施	TB 10100—2018 第12.0.10条

续表

考评重点	主要建设要求	条目索引
旅客公共厕所	1.中型及以上铁路旅客车站应设置专用无障碍厕所； 2.小型铁路旅客车站宜设置专用无障碍厕所；困难时，应在公共厕所内设置无障碍厕位； 3.设置第三卫生间的铁路旅客车站，第三卫生间应兼作专用无障碍厕所	TB 10100—2018 第12.0.11条
旅客站台	1.站台安全警戒线内侧应设置宽600mm的提示盲道，提示盲道宜与安全警戒线等长。盲道应与楼梯出入口、坡道出入口、无障碍电梯口的提示盲道做好衔接； 2.井盖及水篦子的上表面应与地面平齐，水篦子上的空洞宽度不应大于10mm； 3.固定在墙、立柱上的物体或标牌下缘距地面的高度不应小于2.0m。自动扶梯、楼梯下的三角区净高小于2.0m且旅客可以进入的区域，应设置防护设施，并应在防护设施外设置提示盲道	TB 10100—2018 第12.0.12条
自动扶梯	自动扶梯应在距上下支撑点250~500mm处设置宽300~600mm的提示盲道，其长度应与自动扶梯宽度相同，并严禁与行进盲道相连	TB 10100—2018 第12.0.13条

（4）民用机场旅客航站区。在靠近航站楼主要出入口的车道边宜设置无障碍小汽（客）车上客和落客区。旅客航站楼主要出入口应为无障碍出入口。旅客使用的主要通道、旅客登机桥应为无障碍通道。服务台应设低位设施。检票口应设无障碍检票通道。应设置无障碍厕所或无障碍厕位。机场有方便老年人、残疾人登机的装置。详见表2-8。

表2-8　民用机场旅客航站区无障碍考评重点

考评重点		主要建设要求	条目索引
旅客航站区前广场	停车场	停车场（停车楼）应设置不少于停车位数量2%且不少于2个的无障碍机动车停车位	MH/T 5047—2020 第4.1.1条
		无障碍机动车停车位应靠近停车场（停车楼）主要出入口、行人出入口、无障碍电梯、坡道、无障碍卫生间、电话等	MH/T 5047—2020 第4.1.2条
		停车场（停车楼）应设置提示性的无障碍标志	MH/T 5047—2020 第4.1.3条
	航站楼车道边	航站楼车道边与车行道之间如有高差，应设三面坡缘石坡道。正面及侧面的坡度不应大于1∶12	MH/T 5047—2020 第4.2.1条
		在靠近航站楼主要出入口的车道边应设置至少1个无障碍停车位	MH/T 5047—2020 第4.2.2条
		车道边地面应平整、防滑、不易松动、不积水	MH/T 5047—2020 第4.2.3条

续表

考评重点		主要建设要求	条目索引
旅客航站区站前广场	航站楼车道边	车道边应结合行人方向设置行进盲道，与航站楼各出入口、室外召援电话等处的提示盲道相衔接	MH/T 5047—2020 第4.2.4条
		室外墙面不应有低于2.5 m的突出物体伸入人行步道盲道范围内	MH/T 5047—2020 第4.2.5条
		航站楼前设有红绿灯的路口应设过街音响提示装置	MH/T 5047—2020 第4.2.6条
旅客航站楼	旅客出发厅	旅客出发厅应设置为残障者服务的低位问讯柜台。柜台应配置为听觉残障者服务的写字板、笔、纸等书写工具，宜配置听力辅助设备	MH/T 5047—2020 第5.1.1条
		旅客出发厅应从航站楼出入口起设置连续盲道引导至就近服务柜台，柜台前应设置提示盲道	MH/T 5047—2020 第5.1.2条
		旅客出发厅应设置至少1个无障碍卫生间	MH/T 5047—2020 第5.1.3条
		旅客出发厅供旅客休息、等待的座位应设置爱心座位和轮椅停放区，在相应位置应设置无障碍标志	MH/T 5047—2020 第5.1.4条
		值机区在就近通道处应设置低位值机柜台	MH/T 5047—2020 第5.1.5条
		行李托运设备与地面宜无高差衔接	MH/T 5047—2020 第5.1.6条
		自助值机设备操控区域高度应为850~1100mm	MH/T 5047—2020 第5.1.7条
		旅客出发厅如有楼层转换，应设置无障碍电梯	MH/T 5047—2020 第5.1.8条
		旅客出发厅如有饮水处、公用电话等服务设施，应符合低位服务设施的有关规定	MH/T 5047—2020 第5.1.9条
	旅客检查区	各类检查区应设置低位验证柜台、低位服务柜台	MH/T 5047—2020 第5.2.1条
		各类检查区人工、自助检查通道在就近旅客通道处应设置无障碍通道	MH/T 5047—2020 第5.2.2条
		安检区应设置至少1个私密检查室	MH/T 5047—2020 第5.2.3条
		旅客检查区如有公共卫生间，应设置至少1个无障碍卫生间	MH/T 5047—2020 第5.2.4条
		旅客检查区如有楼层转换，应设置至少1部无障碍电梯	MH/T 5047—2020 第5.2.5条

续表

考评重点		主要建设要求	条目索引
旅客航站楼	旅客检查区	旅客检查区如有饮水处、公用电话等服务设施，应符合低位服务设施的有关规定	MH/T 5047—2020 第5.2.6条
	旅客候机区	旅客候机区靠近登机口处应设置爱心座椅和轮椅停放区，在相应位置应设置无障碍标志	MH/T 5047—2020 第5.3.1条
		旅客候机区应设置至少1个无障碍卫生间	MH/T 5047—2020 第5.3.2条
		旅客候机区登机口处应设置闪烁提示设施	MH/T 5047—2020 第5.3.3条
		旅客候机区如有楼层转换，应设置无障碍电梯	MH/T 5047—2020 第5.3.4条
		旅客候机区应设置至少1个母婴室候机室	MH/T 5047—2020 第5.3.5条
		旅客候机区如有饮水处、公用电话等服务设施，应符合低位服务设施的有关规定	MH/T 5047—2020 第5.3.6条
	旅客行李提取区	航站楼行李提取区应设置至少1个无障碍卫生间	MH/T 5047—2020 第5.4.1条
		旅客行李提取区应设置爱心座椅和轮椅停放区，在相应位置应设置无障碍标志	MH/T 5047—2020 第5.4.2条
		旅客行李提取区如有楼层转换，应设置无障碍电梯	MH/T 5047—2020 第5.4.3条
		旅客行李提取区如有饮水处、公用电话等服务设施，应符合低位服务设施的有关规定	MH/T 5047—2020 第5.4.4条
	旅客到达厅	旅客到达厅应设置爱心座椅和轮椅停放区，在相应位置应设置无障碍标志	MH/T 5047—2020 第5.5.1条
		旅客到达厅应设置至少1个无障碍卫生间	MH/T 5047—2020 第5.5.2条
		旅客到达厅内问讯、班车售票处等服务设施应设置低位柜台	MH/T 5047—2020 第5.5.3条
		旅客到达厅如有楼层转换，应设置无障碍电梯	MH/T 5047—2020 第5.5.4条
		旅客到达厅如有饮水处、公用电话等服务设施，应符合低位服务设施的有关规定	MH/T 5047—2020 第5.5.5条
	商店、银行、邮政和餐厅等区域	旅客航站楼内商店、银行、邮政和餐厅等区域应设置低位柜台	MH/T 5047—2020 第5.6.1条

续表

考评重点		主要建设要求	条目索引
登机桥与站坪设备	旅客登机桥	旅客登机桥固定端坡度不应大于1∶10，在有条件的前提下不宜大于1∶12	MH/T 5047—2020 第6.1.1条
		旅客登机桥地面应防滑	MH/T 5047—2020 第6.1.2条
		旅客登机桥入口、中部转折处、坡度转换处应铺设提示盲道，提示盲道宽度应与登机桥同宽	MH/T 5047—2020 第6.1.3条
		旅客登机桥固定端、活动端通道两侧应设置扶手，扶手高度应为850~900mm，宜设上、下层扶手，下层扶手高度应为650~700mm	MH/T 5047—2020 第6.1.4条
	摆渡车及登机设备	旅客摆渡车及捷运设施内在靠近车门处应设置供轮椅使用者使用的轮椅车位，轮椅车位应设置固定轮椅设施	MH/T 5047—2020 第6.2.1条
		旅客摆渡车应具备无障碍功能，或在摆渡车车门处应设置供轮椅使用者上、下车且坡度不应大于1∶12的活动斜板	MH/T 5047—2020 第6.2.1条
		民用机场旅客航站区应配置不少于1台供残障者旅客和老、弱、伤、病者上、下飞机的升降车或升降设备	MH/T 5047—2020 第6.2.1条

（5）客运码头。地面应平整、防滑、不积水。主要出入口应为无障碍出入口。旅客使用的主要通道、港口栈桥、客运船舶安全通道应为无障碍通道。应设置无障碍厕所或无障碍厕位，服务台应设低位设施。检票口应设无障碍检票通道。客运码头有方便老年人、残疾人登船的装置。详见表2–9。

表2–9　客运码头无障碍考评重点

考评重点	主要建设要求	条目索引
登船装置	客运码头和客货滚装码头应为旅客提供安全、方便的上、下船设施	JGJ/T 60—2012 第6.8.1条
母婴候乘厅	一、二级港口客运站应设母婴候乘厅，其他站级可根据需要设置，并应邻近检票口。母婴候乘厅内宜设置婴儿服务设施和专用厕所	JGJ/T 60—2012 第6.6.2条
无障碍候乘区	候乘厅内应设无障碍候乘区，并应邻近检票口；候乘厅与站台之间应满足无障碍通行要求	
无障碍厕所	站房内应设厕所和盥洗室，并应设无障碍厕位，一、二级交通客运站宜设无性别厕所，并宜与无障碍厕所合用	
无障碍电梯或无障碍坡道	当候乘厅与入口不在同层时，应设置自动扶梯和无障碍电梯或无障碍坡道	
无障碍售票窗口	一、二级港口客运站应至少设置1个无障碍售票窗口	JGJ/T 60—2012 第6.3.3条

10. 典型案例：见表2-10。

表2-10　新建公共交通设施典型案例

点位	正确案例	错误案例
站前广场	 地面平整、防滑、不积水	 问题1：站前广场高差处未设置坡道； 问题2：台阶踏步高度不宜大于150mm，也不应小于100mm，图示台阶高度小于100mm
地铁广场	 地铁广场应与相邻城市道路一侧的人行道连通，有高差处设有缘石坡道	 地铁广场与相邻城市道路有高差，且未设置缘石坡道
无障碍停车位	 靠近航站楼主要出入口的车道边设置无障碍停车位	 航站楼主要出入口前未设置至少1个无障碍停车位

续表

点位	正确案例	错误案例
出入口	 主要出入口为平坡出入口	 主要出入口地面存在高差
汽车客运站出入口	 汽车客运站主要出入口为无障碍出入口	 汽车客运站主要出入口未设置无障碍出入口
无障碍电梯	 无障碍电梯轿厢内部设置符合规范要求	 轿厢内三面壁上扶手不连贯，侧壁未设置低位面板，轿厢正面未设置镜面效果材料等无障碍设施

续表

点位	正确案例	错误案例
无障碍通道	 增设升降平台解决高差问题	 主要通道不符合无障碍通道要求
低位服务窗口	 设置无障碍低位服务窗口	 服务窗口未设置低位窗口
低位服务行李托运设备	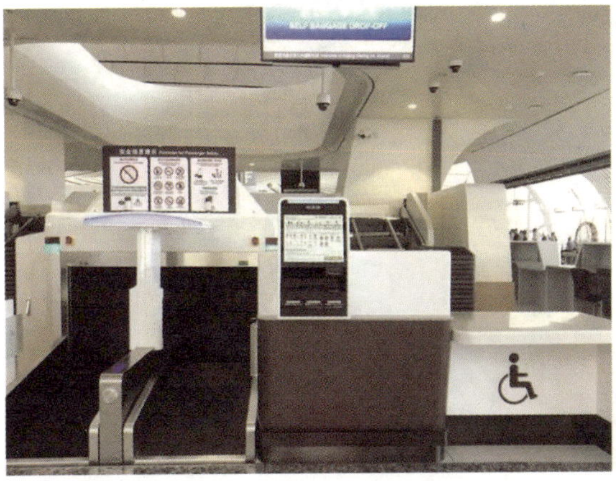 设置低位服务台，行李托运设备无高差	 未设置低位服务台，行李托运设备有高差

续表

点位	正确案例	错误案例
服务台	 设有无障碍服务台	 服务台未设置无障碍低位服务设施
检票通道	 设置无障碍检票通道	 未设置无障碍检票通道
标识	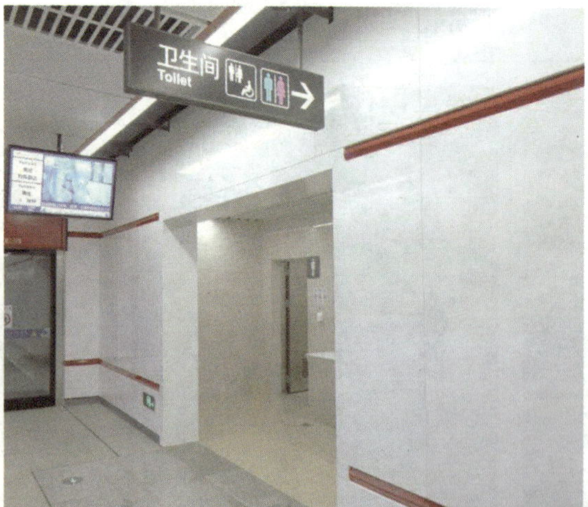 卫生间外设有无障碍标识	 无障碍卫生间标识不醒目

续表

点位	正确案例	错误案例
盲道	 站台门外设宽度不小于车门的提示盲道，并与行进盲道相连	 站台门外未设置提示盲道系统
无障碍厕所	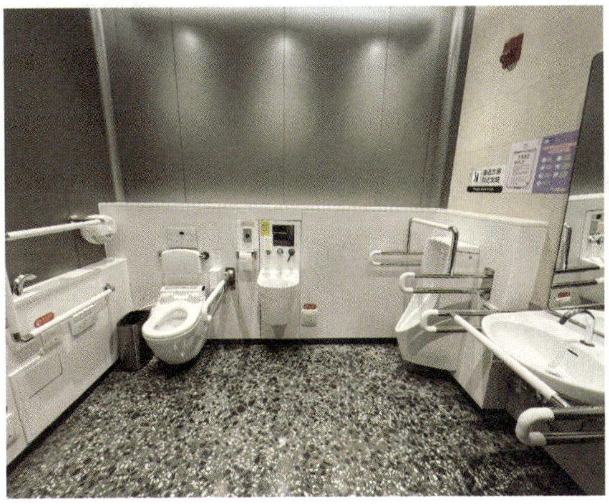 无障碍厕所配置齐全，抓杆设置规范	 安全抓杆、紧急呼叫按钮设置有误
登机设备	 设置上、下飞机的升降车或升降装置	 未设置供残障者旅客和老、弱、伤、病者上、下飞机的升降车或升降装置

续表

点位	正确案例	错误案例
母婴室	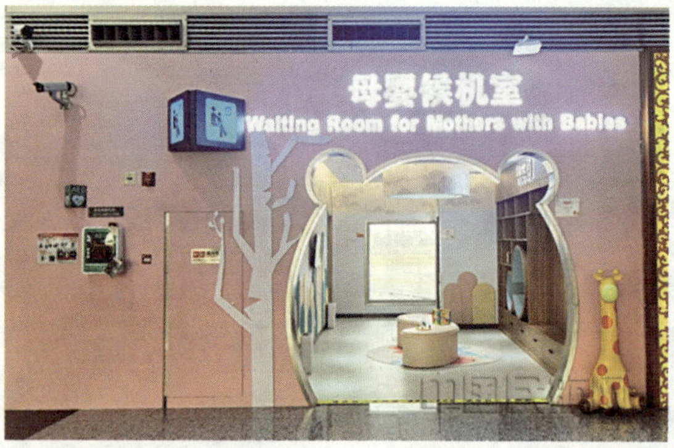 设有母婴候乘厅	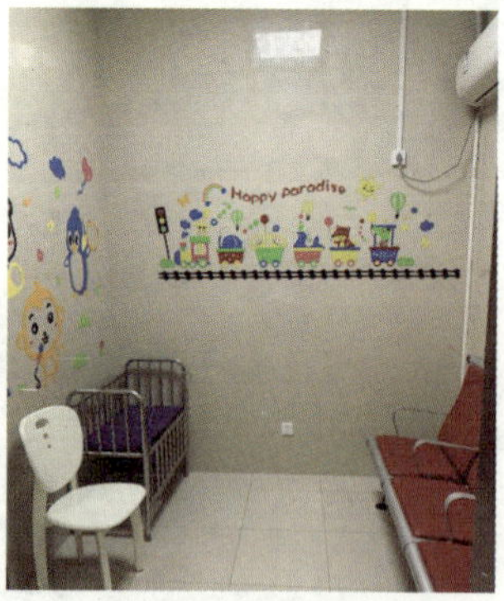 母婴室设施、设备设置不规范
候车厅	 设有轮椅等候区	 未设置轮椅等候区

指标四　既有公共交通设施无障碍改造达标率

1. 考评范围： 申报年1月1日前已建成使用并纳入考评期改造计划的既有公共交通设施，具体范围参照新建公共交通设施。

2. 指标释义： 符合无障碍要求的既有公共交通设施改造数量占既有公共交通设施改造数量比例。

3. 指标类型： 导向指标。

4. 指标要求： 80%。

5. 评分标准： 5分。

既有公共交通设施改造数量指纳入中长期改造规划且列入申报年至考评年年度改造计划的既有公共交通设施数量。其中，符合无障碍要求的既有公共交通设施改造数量占比达到80%及以上，得5分，未达到则按比例计分，例如：达到65%，得4.1分（65% ÷ 80% × 5=4.1，保留1位小数）。

6. 考评重点： 汽车客运站、轨道交通站、铁路旅客车站、民用机场旅客航站区、客运码头应进行无障碍改造，主要改造内容为：地面应平整、防滑、不积水，出入口坡化处理，设置无障碍通道、无障碍电梯、无障碍厕所或无障碍厕位、低位服务设施，同时要设满足无障碍通行的检票口。铁路旅客站台、轨道交通站台及汽车站等候区设行进盲道和提示盲道。大型场所设置无障碍行进路线图、无障碍标志。铁路旅客车站、汽车客运站、地铁、轻轨站台高度与车厢地板基本平齐，或配置活动的坡道板。机场应有方便残疾人登机的升降装置，客运码头有方便高龄失能老年人、残疾人登船的装置。

7. 豁免条款： 受客观条件限制，当改造项目条件不具备或执行现行标准规范有困难时，适用豁免条款。此时，改造标准应不低于原建造时的标准，改造重点是因地制宜设置无障碍设施，或提供辅助措施、服务措施，满足无障碍通行需要。例如：

（1）公共厕所改造时，如无法增设无障碍厕所，可在公共厕所内设置无障碍厕位。

（2）出入口现场条件受限，无法改造为平坡出入口，也无法增设轮椅坡道时，可增设无障碍升降平台等装置，并做好安全防护。

（3）既有建筑改造或改建时增设的无障碍电梯，电梯门通行净宽无法满足不小于900mm要求时，可按不小于800mm执行。

考评依据、考评方法、达标标准参照新建公共交通设施执行。

指标五　市内公共交通线路无障碍达标率

1. 考评范围： 市内公交站点、公共交通车辆。

2. 指标释义： 符合无障碍要求的市内公共交通线路占市内公共交通线路总数比例（考察存量设施）。

3. 指标类型： 导向指标。

4. 指标要求： 80%。

5. 评分标准： 5分。

符合无障碍要求的市内公共交通线路数量占比达到80%及以上，得5分，未达到则按比例计分，例如：达到65%，得3.2分（65% ÷ 80% × 5=4.1）。

6. 考评依据：《建筑与市政工程无障碍通用规范》GB 55019—2021、《无障碍设计规范》GB 50763—2012、《无障碍设施施工验收及维护规范》GB 50642—2011、《城市公用交通设施无障碍设计指南》GB/T 33660—2017、《低地板及低入口城市客车结构要求》GB 19260—2016。

7. 考评方法： 检查市内公共交通线路对应的所有公交站点和公共交通车辆，通过查验施工图、竣工验收报告、现场检查等方式判定是否符合无障碍要求。

8. 达标标准： 残疾人、老年人等有无障碍需求的社会成员能够使用该市内公共交通线路自主出行。公交车站宜设置缘石坡道、提示盲道、轮椅停留空间等站台无障碍设施，且与周边无障碍设施衔接。站台安装方便老年人、残疾人候车的座椅、遮阳棚等。配备一定比例设置无障碍设施的公共交通车辆，车辆内部设置轮椅席位，公交站台高度与公交汽车地板高度衔接，从站台到轮椅席位满足轮椅通行要求。在无障碍设施处设置无障碍标识。

9. 考评重点：

（1）市内公交站点。当人行道中设有盲道时，应与公交车站的盲道相连接。利用分隔带设置公交车站需满足轮椅通行需求。站台与车门对应处设置提示盲道。宜设置盲文站牌或语音提示设施。详见表2–11。

表2–11　市内公交站点无障碍考评重点

考评重点	主要建设要求	条目索引
站台宽度	站台有效通行宽度不应小于1.50m	GB 50763—2012第4.5.1条
站台设计	在车道之间的分隔带设公交车站时，应方便乘轮椅者使用	GB 50763—2012第4.5.1条
盲道	站台距路缘石250~500mm应设置提示盲道，其长度应与公交车站的长度相对应。当人行道中设有盲道系统时，应与公交车站的盲道相连接	GB 50763—2012第4.5.2条
盲文信息	宜设置盲文站牌或语音提示服务设施，盲文站牌的位置、高度、形式与内容应方便视觉障碍者的使用	GB 50763—2012第4.5.2条

（2）公共交通车辆。车门与站台的连接处应满足轮椅通行要求。在靠近车门的安全位置设置轮椅席位和轮椅约束装置。车辆无障碍配置要求应符合《低地板及低入口城市客车结构要求》GB 19260—2016的规定。

10.典型案例：见表2–12。

表2–12　市内公共交通线路典型案例

点位	正确案例	错误案例
公交站台	 站台距路缘石250~500mm设置提示盲道	 公交站台未设置盲道系统
无障碍车辆	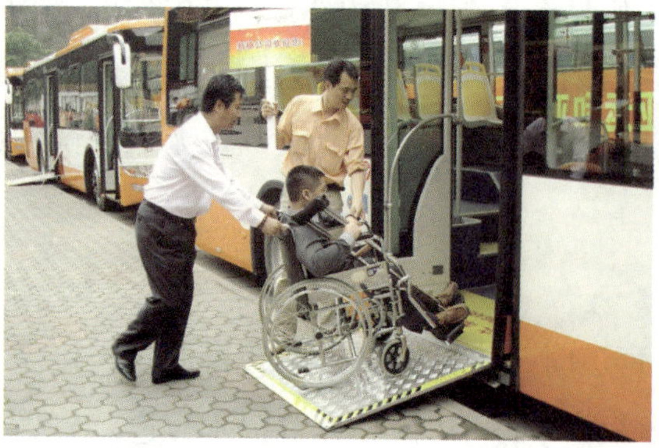 设置无障碍坡道板	 未设置无障碍坡道板

续表

点位	正确案例	错误案例
无障碍车辆	 设置轮椅停置区	 未设置优先停置区
盲文站牌/语音提示服务设施	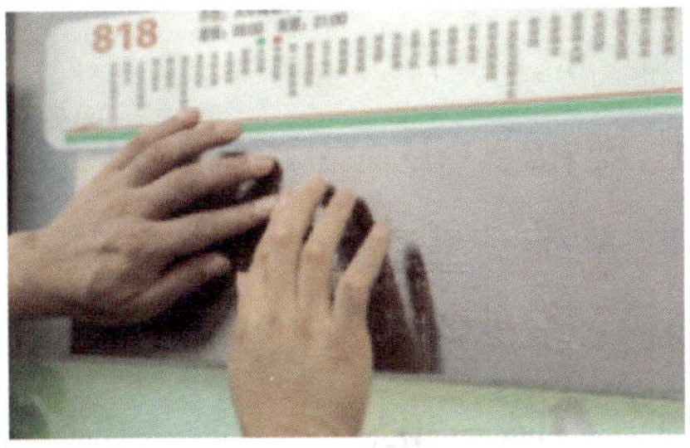  设置盲文站牌及语音提示服务设施	 未设置盲文站牌及语音提示服务设施

指标六　应急避难场所无障碍设施设置率

1. 考评范围： 应急避难场所内的避难场地和避难建筑。

2. 指标释义： 符合无障碍要求的应急避难场所数量占应急避难场所总数比例（考察存量设施）。

3. 指标类型： 底线指标。

4. 指标要求： 100%。

5. 评分标准： 5分。达到100%，得5分；不达标，不得分。

6. 考评依据：《建筑与市政工程无障碍通用规范》GB 55019—2021、《无障碍设计规范》GB 50763—2012、《无障碍设施施工验收及维护规范》GB 50642—2011、《防灾避难场所设计规范（2021版）》GB 51143—2015、《城镇应急避难场所通用技术要求》GB/T 35624—2017、《应急避难场所标志》GB/T 44014—2024。

7. 考评方法： 对考评范围内的应急避难场所进行检查，通过查验施工图、竣工验收报告、现场检查等方式判定是否符合无障碍要求。

8. 达标标准： 应急避难场所应提供连贯的无障碍疏散路径，大型场所设置无障碍行进路线图。无障碍疏散路径上的无障碍出入口、无障碍通道、轮椅坡道、无障碍厕所（厕位）等无障碍设施设置应符合标准规范要求；应急蓬宿区的无障碍客房、无障碍厕所（厕位）、无障碍浴室等服务设施设置应符合标准规范要求。无障碍疏散路径上的设施不应妨碍障碍群体独立通行；设置服务设施时同时设低位服务设施；停车场设置无障碍停车位；无障碍标识连续并清楚地指明无障碍设施的位置和方向。

9. 考评重点： 见表2-13。

表2-13　应急避难场所无障碍考评重点

考评重点	主要建设要求	条目索引
无障碍设施	应急避难场所内各类设施应按国家相关规定进行无障碍设置	GB/T 35642—2017 第4.2.6条
标志标牌	在避难场所、关键路口设置醒目的应急指示标牌	GB/T 44014—2024

指标七　新建居住社区无障碍设施设置率

1. 考评范围：自申报年起考评期内新建居住社区（含在建），包括：居住社区（住宅小区）内的人行道路、居住绿地、配套公共设施。

2. 指标释义：符合无障碍要求的新建居住社区数量占新建居住社区总数比例。

3. 指标类型：底线指标。

4. 指标要求：100%。

5. 评分标准：5分。达到100%，得5分；不达标，不得分。

6. 考评依据：《建筑与市政工程无障碍通用规范》GB 55019—2021、《无障碍设计规范》GB 50763—2012、《无障碍设施施工验收及维护规范》GB 50642—2011、《城市居住区规划设计标准》GB 50180—2018。

7. 考评方法：对考评范围内的新建居住社区进行检查，通过查验施工图、竣工验收报告、现场检查等方式判定是否符合无障碍要求。

8. 达标标准：居住社区内的人行道路、绿地、公共厕所、配套公共设施均应符合无障碍要求。

9. 考评重点：

（1）道路。小区出入口、主要道路、主要活动场地和住宅单元出入口之间应实现无障碍通行，在各类路口、人行道两端应设置缘石坡道。小区内主要道路至住宅楼单元门设有夜间照明系统。居住区级道路无障碍设计应符合城市道路无障碍设计的有关要求。

（2）居住绿地。居住绿地内出入口、游步道、休憩设施、儿童游乐场、休闲广场、健身运动场、公共厕所等均应进行无障碍设计。居住社区内的居住绿地满足无障碍要求，主要出入口为无障碍出入口，主要游步道应为无障碍通道。绿地广场设置休息座椅时，应留有轮椅停留空间。儿童活动场地周围不宜种植遮挡视线的树木。老年人专用活动场地地面应平整、防滑，消除场地有高差的沟坎。小区内高台、水池等临空、临水处增设安全警示标志及防护措施。详见表2-14。

表2-14　居住绿地无障碍考评重点

考评重点	主要建设要求	条目索引
地坪坡度	基地地坪坡度不大于5%的居住区的居住绿地均应满足无障碍要求，地坪坡度大于5%的居住区，应至少设置1个满足无障碍要求的居住绿地	GB 50763—2012 第7.2.1条
设置位置	满足无障碍要求的居住绿地，宜靠近设有无障碍住房和宿舍的居住建筑设置，并能通过无障碍通道到达	
出入口	1. 居住绿地的主要出入口应设置为无障碍出入口；有3个以上出入口时，无障碍出入口不应少于2个； 2. 居住绿地内主要活动广场与相接的地面或路面高差小于300mm时，所有出入口均应为无障碍出入口；高差大于300mm时，当出入口少于3个，所有出入口均应为无障碍出入口，当出入口为3个或3个以上，应至少设置2个无障碍出入口； 3. 组团绿地、开放式宅间绿地、儿童活动场、健身运动场出入口应设提示盲道	GB 50763—2012 第7.2.2条
游步道	1. 居住绿地内的游步道应为无障碍通道，轮椅园路纵坡不应大于4%；轮椅专用道纵坡不应大于8%； 2. 居住绿地内的游步道及园林建筑、园林小品如亭、廊、花架等休憩设施不宜设置高于450mm的台明或台阶；必须设置时，应同时设置轮椅坡道并在休憩设施入口处设提示盲道	GB 50763—2012 第7.2.3条
	居住区内的步行系统应连续、安全，符合无障碍要求，并应便捷连接公共交通站点	GB 50180—2018 第6.0.2条
休憩设施	绿地及广场设置休息座椅时，应留有轮椅停留空间	GB 50763—2012 第7.2.3条
	有活动设施的绿地应符合无障碍设计要求并与居住区的无障碍系统相衔接	GB 50180—2018 第7.0.4条
活动场地	1. 林下铺装活动场地，以种植乔木为主，林下净空不得低于2.20m； 2. 儿童活动场地周围不宜种植遮挡视线的树木，保持较好的可通视性，且不宜选用硬质叶片的丛生植物	GB 50763—2012 第7.2.4条

（3）配套公共设施。居住社区内的居委会、卫生站、物业管理、社区中心、商业等为居民服务的建筑应设置无障碍出入口，设有电梯时应设置无障碍电梯。公共厕所应设置无障碍厕所或无障碍厕位。停车场（库）应设置一定比例的无障碍停车位，车库的人行出入口应为无障碍出入口。详见表2-15。

表2–15　居住区配套公共设施无障碍考评重点

考评重点	主要建设要求	条目索引
无障碍出入口	居住区内的居委会、卫生站、健身房、物业管理、会所、社区中心、商业等为居民服务的建筑应设置无障碍出入口	GB 50763—2012 第7.3.1条
无障碍电梯	设有电梯的建筑至少应设置1部无障碍电梯；未设有电梯的多层建筑，应至少设置1部无障碍楼梯	
停车场和车库	居住区停车场和车库的总停车位应设置不少于0.5%的无障碍机动车停车位；若设有多个停车场和车库，宜每处设置不少于1个无障碍机动车停车位	GB 50763—2012 第7.3.3条
	地面停车场的无障碍机动车停车位宜靠近停车场的出入口设置。有条件的居住区宜靠近住宅出入口设置无障碍机动车停车位	
	车库的人行出入口应为无障碍出入口。设置在非首层的车库应设无障碍通道与无障碍电梯或无障碍楼梯连通，直达首层	
	机动车停车场（库）应设置无障碍机动车位，并应为老年人、残疾人专用车等新型交通工具和辅助工具留有必要的发展余地	GB 50180—2018 第5.0.6条

10. 典型案例：见表2–16。

表2–16　新建居住社区无障碍设施典型案例

点位	正确案例	错误案例
小区出入口	 小区出入口为平坡出入口	 小区出入口高差处未设置轮椅坡道
小区道路	 小区道路实现无障碍通行	 路口、人行道两端未设置缘石坡道

续表

点位	正确案例	错误案例
小区照明	 小区道路设置照明装置	 小区道路未设置照明装置
服务设施出入口	 出入口为无障碍出入口	 未设置无障碍出入口
游憩空间	 游步道路面平整	 游步道路面不够平整，为乘坐轮椅者通行带来阻碍

续表

点位	正确案例	错误案例
无障	 型抓杆	 问题1：靠墙侧未设置L形抓杆； 问题2：紧急呼叫按钮设置位置有误
无障碍小便器	小便器两侧 杆，距地面高 支撑安全抓杆，	 部缺少支撑安全抓杆
无障碍洗手盆	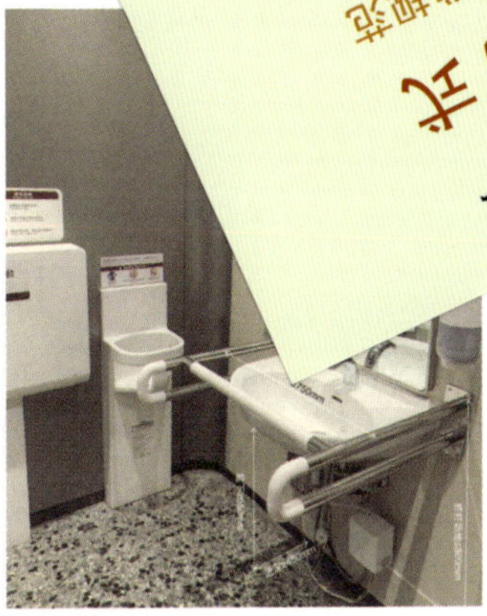 无障碍洗手盆设置规范	 问题1：安全抓杆设置有误； 问题2：未设置纸巾盒等

指标八　既有居住社区无障碍改造达标率

1. 考评范围： 申报年1月1日前已建成使用并纳入考评期改造计划的既有居住社区（住宅小区），包括：既有居住社区（住宅小区）内的人行道路、居住绿地、配套公共服务设施、公共厕所、无障碍停车位。

2. 指标释义： 符合无障碍要求的既有居住社区改造数量占既有居住社区改造数量比例。

3. 指标类型： 导向指标。

4. 指标要求： 80%。

5. 评分标准： 6分。

既有居住社区改造数量指纳入中长期改造规划且列入申报年至考评年年度改造计划的既有居住社区数量。其中，符合无障碍要求的既有居住社区改造数量占比达到80%及以上，得6分，未达到则按比例计分，例如：达到65%，得4.9分（65%÷80%×6=4.9）。

6. 考评重点： 人行道路进行无障碍改造，完善道路照明系统。居住绿地、配套公共服务设施配备并完善无障碍设施。社区内设有公共厕所时应进行无障碍改造，设有停车位时应设置无障碍停车位。

7. 豁免条款： 受客观条件限制，当改造项目条件不具备或执行现行标准规范有困难时，适用豁免条款。此时，改造标准应不低于原建造时的标准，改造重点是因地制宜设置无障碍设施，或提供辅助措施、服务措施，满足无障碍通行需要。举例说明：受现场条件限制，老旧小区无法设置系统的无障碍通行流线时，应设置区域无障碍流线，或综合利用多种手段，保障无障碍通行。

考评依据、考评方法、达标标准参照新建居住社区执行。

8. 典型案例： 见表2-17。

表2–17　既有居住社区无障碍改造典型案例

点位	改造前	改造后
健身活动设施		
活动场地		
游步道		

指标九　新建居住建筑无障碍设施设置率

1. 考评范围： 自申报年起考评期内新建居住建筑（含在建），包括：住宅、公寓、职工宿舍、学生宿舍。

2. 指标释义： 符合无障碍要求的新建居住建筑数量占新建居住建筑数量比例。

3. 指标类型： 底线指标。

4. 指标要求： 100%。

5. 评分标准： 5分。达到100%，得5分；不达标，不得分。

6. 考评依据：《建筑与市政工程无障碍通用规范》GB 55019—2021、《无障碍设计规范》GB 50763—2012、《无障碍设施施工验收及维护规范》GB 50642—2011、《宿舍、旅馆建筑项目规范》GB 55025—2022、《民用建筑通用规范》GB 55031—2022、《民用建筑设计统一标准》GB 50352—2019。

7. 考评方法： 对考评范围内的居住建筑进行检查，通过查验施工图、竣工验收报告、现场检查等方式判定是否符合无障碍要求。

8. 达标标准： 居住建筑的出入口、门厅、公共走廊、楼梯、电梯应满足无障碍通行要求。无障碍住房（宿舍）的设置应符合标准规范要求。

9. 考评重点： 住宅及公寓、宿舍建筑（职工宿舍、学生宿舍）均应进行无障碍设计，详见表2-18。

表2-18　居住建筑无障碍考评重点

考评重点	主要建设要求	条目索引
单元出入口	设置电梯的居住建筑应至少设置1处无障碍出入口，能通过无障碍通道直达电梯厅；未设置电梯的低层和多层居住建筑，当设置无障碍住房及宿舍时，应设置无障碍出入口	GB 50763—2012 第7.4.2条
无障碍电梯	设置电梯的居住建筑，每居住单元至少应设置1部能直达户门层的无障碍电梯	
无障碍住房（宿舍）	居住建筑应按每100套住房设置不少于2套无障碍住房。宿舍建筑中男女宿舍应分别设置无障碍宿舍，每100套宿舍各应设置不少于1套无障碍宿舍	GB 50763—2012 第7.4.3条

10.典型案例：见表2-19。

表2-19　新建居住建筑无障碍设施典型案例

点位	正确案例	错误案例
单元出入口	 单元出入口为平坡出入口	 出入口未设置无障碍出入口
单元出入口	 出入口同时设置台阶和轮椅坡道	 出入口未设置无障碍出入口
楼梯	 楼梯两侧设置扶手	 楼梯未进行无障碍改造

续表

点位	正确案例	错误案例
无障碍住房	 卫生间设置无障碍淋浴、无障碍坐便器	 无障碍坐便器设置不规范

指标十 既有居住建筑无障碍改造达标率

1. 考评范围： 申报年1月1日前已建成使用并纳入考评期改造计划的既有居住建筑，具体范围参照新建居住建筑。

2. 指标释义： 符合无障碍要求的既有居住建筑改造数量占既有居住建筑改造数量比例。

3. 指标类型： 导向指标。

4. 指标要求： 80%。

5. 评分标准： 5分。

既有居住建筑改造数量指纳入中长期改造规划且列入申报年至考评年年度改造计划的既有居住建筑数量。其中，符合无障碍要求的既有居住建筑改造数量占比达到80%及以上，得5分，未达到则按比例计分，例如：达到65%，得4.1分（65%÷80%×5=4.1）。

6. 考评重点： 居住建筑单元门、坡道、电梯、扶手等公共区域进行无障碍改造，有条件的既有多层居住建筑加装电梯或安装爬楼辅助设施。公寓、宿舍设无障碍厕所或无障碍厕位。

7. 豁免条款： 受客观条件限制，当改造项目条件不具备或执行现行标准规范有困难时，适用豁免条款。此时，改造标准应不低于原建造时的标准，改造重点是因地制宜设置无障碍设施，或提供辅助措施、服务措施，满足无障碍通行需要。例如：

当场地条件受限时，加装电梯的轿厢宽度不应小于1 000mm，轿厢深度不应小于1 250mm。

当多层老旧住宅建筑受条件限制无法加装电梯，或者加装电梯仍无法实现平层入户时，可采用爬楼辅助设施帮助老年人、残疾人实现上、下楼自由。

当公用走廊、楼梯间设置双侧扶手影响疏散宽度时，可在单侧设置扶手。

对于未设置无障碍住房的既有居住建筑，应为改建无障碍住房预留条件。

考评依据、考评方法、达标标准参照新建居住建筑执行。

指标十一　困难重度残疾人家庭无障碍改造率

1. 考评范围：列入当地年度改造计划的困难重度残疾人家庭。

2. 指标释义：实施改造的困难重度残疾人家庭数量占计划改造的困难重度残疾人家庭总数比例。

3. 指标类型：底线指标。

4. 指标要求：100%。

5. 评分标准：5分。达到100%，得5分；不达标，不得分。

6. 考评依据：《中国残联等部门关于“十四五”推进困难重度残疾人家庭无障碍改造工作的指导意见》（残联发〔2021〕48号）、当地困难重度残疾人家庭无障碍改造实施方案和年度计划。

7. 考评方法：通过查阅工作台账、入户访问等方式开展。

8. 达标标准：以上级残联部门确认，完成改造并纳入中国残联“困难重度残疾人家庭无障碍改造数据库系统”为准。

9. 考评重点：肢体残疾、视力残疾、听力残疾、言语残疾、智力残疾、精神残疾和多重残疾的人，无障碍改造需求各不相同。各地应结合实际，根据残疾人特点和需求，科学确定残疾人家庭无障碍改造内容。残疾人家庭无障碍改造包括但不限于起居室、厅堂、厨房、卫生间、阳台、地面、通道、墙面、门窗等无障碍设施改造，能保障残疾人安全、改善生活质量、提高生活水平的智能化家居家电设备，排除用电安全隐患的水电线路改造和安全插座开关配置，以及辅助器具适配安装等。不同类别的残疾人家庭无障碍需求有共性，也有个性，也有交叉，为此，各地要根据残疾人家庭实际情况和不同类别残疾人的个性需求，进行分类融合设计和实施改造。

为指导各地规范开展困难重度残疾人家庭无障碍改造工作，中国残联制定了改造目录清单，见表2–20。

表2-20 困难重度残疾人家庭无障碍改造目录清单

改造场景	改造内容	环境设施改造与设备器具适配
户内院落改造	高差处理	地面找平、增设无障碍坡道、可移动斜坡等
	门槛处理	门槛消除、可移动斜坡等
	防滑处理	更换地砖、喷涂防滑材质、地面平整硬化、增设防滑垫等
	通行与生活辅助	安装栏杆/扶手等
	防撞改造	墙角/柱脚磨圆改造、增加防撞胶条等
	电气改造	更换感应灯具、电路改造、总控开关改造等
入户出入口改造	高差处理	地面找平、增设无障碍坡道、可移动斜坡等
	门槛处理	门槛消除、可移动斜坡等
	防滑处理	更换地砖、喷涂防滑材质、地面平整硬化、增设防滑垫等
	电气改造	更换感应灯具、电路改造、总控开关改造等
	入户门改造	门拓宽、入户门更换、门锁改造与更换、加装智能/闪光门铃等
	防护及助力改造	安装栏杆/扶手等
客厅（起居室）改造	自理/护理辅助	空间布局和家具调整、智能窗帘、安装护栏/抓杆、实时字幕机顶盒、电器遥控开关、智能音箱等
	安全改造	紧急呼救装置、与社区联动的报警系统、烟感报警器、智能家庭摄像头、安全防护栏等
	环境提升	墙面处理、地面处理、安装/改造/添置晾衣杆（架）、更换/改造窗、助残家具等
卧室改造	自理/护理辅助	起身绳梯、衣柜改造、智能窗帘、床（窗）边护栏/抓杆、多功能床边桌等
	电气改造	增加/改造床头灯、床头总控开关、安全插座、可移动夜灯/智能灯具等
	环境提升	墙面处理、地面处理、安装/改造/添置晾衣杆（架）、更换/改造窗、助残家具等
卫生间改造	安全改造	紧急呼救装置、燃气/瓦斯报警器（适用于燃气热水器）等
	防滑处理	更换地砖、喷涂防滑材质、地面平整硬化、增设防滑垫等
	助厕改造	安装扶手、蹲便改坐便等
	助浴改造	安装扶手、低位或活动式淋浴装置、热水器、增设浴霸/暖风、可移动电采暖器具等
	盥洗辅助	洗手盆容膝空间改造、洗手台/柜更换、横杆毛巾架、感应式水龙头、安装/改造/添置晾衣杆（架）等
	卫生间门改造	门拓宽、平开门改推拉门、透气栅格/观察窗改造、更换门等

续表

改造场景	改造内容	环境设施改造与设备器具适配
厨房改造	安全改造	安装烟雾/燃气/积水报警器、更换/配置自动熄火燃气灶、语音（盲文）燃气灶、自动灭火装置、配置密码刀具箱等
	助厨改造	低位灶台、低位橱柜/可升降橱柜、低位洗菜池、水电改造、墙面材质更换、防抖勺、多功能单手切菜器、语音（盲文）电器（电饭煲、电磁炉等）等
	防滑处理	更换地砖、喷涂防滑材质、地面平整硬化、增设防滑垫等

指标十二　特殊困难老年人家庭适老化改造率

1.考评范围：列入年度改造计划的特殊困难老年人家庭。

2.指标释义：实施改造的特殊困难老年人家庭数量占计划改造的特殊困难老年人家庭总数比例。

3.指标类型：底线指标。

4.指标要求：100%。

5.评分标准：5分。达到100%，得5分；不达标，不得分。

6.考评依据：《民政部等部门关于加快实施老年人居家适老化改造工程的指导意见》（民发〔2020〕86号）、《民政部等部门关于推进“十四五”特殊困难老年人家庭适老化改造工作的通知》（民发〔2021〕9号）、《城市居家适老化改造指导手册》。

7.考评方法：通过查阅工作台账、入户访问等方式开展。

8.达标标准：以上级民政部门确认，完成特殊困难老年人家庭适老化改造验收为准。

9.考评重点：特殊困难老年人家庭适老化改造以“室内行走便利、如厕洗澡安全、厨房操作方便、居家环境改善、智能安全监护、辅助器具适配”为主要目标，综合考虑特殊困难老年人家居基础状况、实际需求及城乡地域差别等因素，科学确定适老化改造项目内容。鼓励有条件的地方将居家适老化改造与信息化、智能化居家社区养老服务相结合，与建设家庭养老床位相结合，与实施居家和社区基本养老服务提升行动相结合，丰富本地区特殊困难老年人家庭适老化改造项目内容。

为帮助老年人提高居家适老化改造意识，提升行业居家适老化改造技术水平，住房和城乡建设部针对城市老年人居家适老化改造需求制定了《城市居家适老化改造指导手册》，在通用性改造、入户空间、起居（室）厅、卧室、卫生间、厨房、阳台等7个方面形成了47项改造要点。改造内容分为基础型、提升型两类，基础型改造内容以满足老年人基本生活需求、安全和生活便利需要为主；提升型改造内容主要满足老年人改善型生活需求，以丰富居家服务供给、提升生活品质为主，详见表2-21。

表2-21　城市居家适老化改造清单

序号	空间	改造要素	项目类型
1	入户空间	入户门槛处理	基础型
2		更换门锁	基础型
3		设置换鞋凳	基础型
4		安装闪光震动门铃	提升型
5		设置适老化鞋柜	提升型
6		设置全屋照明总开关或全屋智能开关	提升型
7	起居（室）厅	配置适老化沙发及茶几	提升型
8		配置适老化餐桌椅	提升型
9	卧室	安装床边护栏、抓杆	基础型
10		床头设置多点控制开关	基础型
11		床头设置紧急呼救装置	基础型
12		设置床头照明	提升型
13		增设可移动坐便器	提升型
14		配置适老化衣柜	提升型
15		地面防滑	提升型
16		设置护理床	提升型
17		配置防褥疮床垫	提升型
18	卫生间	高差处理	基础型
19		蹲便器改坐便器	基础型
20		配置淋浴椅	基础型
21		设置浴帘	基础型
22		安装抓杆	基础型
23		设置紧急呼救装置	基础型
24		干湿分离	提升型
25		浴缸/淋浴间改造	提升型
26		盥洗台改造	提升型
27		配置采暖设备	提升型
28	厨房	安装报警器	基础型
29		加设中部柜	提升型
30		操作台面改造	提升型

续表

序号	空间	改造要素	项目类型
31	厨房	更换燃气灶	提升型
32		墙面材质更换	提升型
33		安装积水报警设备	提升型
34	阳台	更换晾衣架	基础型
35		增设护栏	基础型
36		增设绿植空间	提升型
37	通用性改造	高差处理	基础型
38		室内门槛处理	基础型
39		安装扶手	基础型
40		防滑处理	基础型
41		门把手更换	基础型
42		电源插座及开关改造	基础型
43		平整硬化	提升型
44		安装防撞护角/防撞条	提升型
45		房门拓宽	提升型
46		平开门改推拉门	提升型
47		安装自动感应灯	提升型

10.典型案例：见表2-22。

表2-22　特殊困难老年人家庭适老化改造典型案例

点位	改造前	改造后
门槛处理		

续表

点位	改造前	改造后
更换开关面板		
更换门把手		
平开门改推拉门		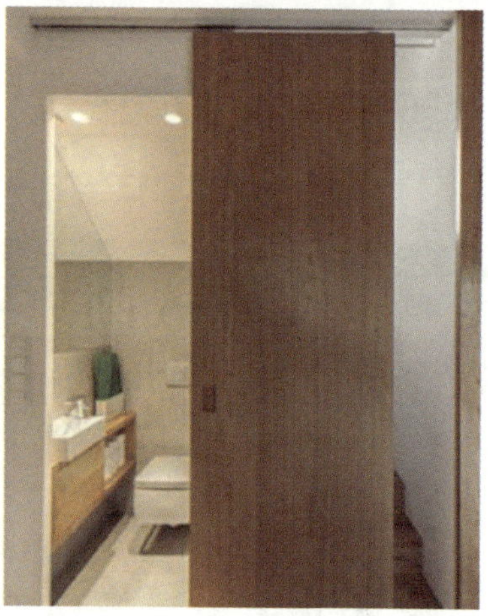

指标十三　新建公共建筑无障碍设施设置率

1. 考评范围： 自申报年起考评期内新建公共建筑（含在建），包括：办公、科研、司法建筑，教育建筑，医疗康复建筑，体育建筑，文化建筑，商业服务建筑，公共停车场（库），汽车加油加气站。

2. 指标释义： 符合无障碍要求的新建公共建筑数量占新建公共建筑总数比例。

3. 指标类型： 底线指标。

4. 指标要求： 100%。

5. 评分标准： 5分。达到100%，得5分；不达标，不得分。

6. 考评依据：《建筑与市政工程无障碍通用规范》GB 55019—2021、《无障碍设计规范》GB 50763—2012、《无障碍设施施工验收及维护规范》GB 50642—2011、《民用建筑通用规范》GB 55031—2022、《综合医院建筑设计规范》GB 51039—2014、《公共建筑标识系统技术规范》GB/T 51223—2017、《文化馆建筑设计规范》JGJ/T 41—2014、《图书馆建筑设计规范》JGJ 38—2015、《博物馆建筑设计规范》JGJ 66—2015、《展览建筑设计规范》JGJ 218—2010、《电影院建筑设计规范》JGJ 58—2008、《剧场建筑设计规范》JGJ 57—2016、《办公建筑设计标准》JGJ/T 67—2019、《体育建筑设计规范》JGJ 31—2003、《商店建筑设计规范》JGJ 48—2014、《特殊教育学校建筑设计标准》JGJ 76—2019、《银行营业网点　无障碍环境建设规范》GB/T 41218—2021。

7. 考评方法： 对考评范围内的公共建筑进行检查，通过查验施工图、竣工验收报告、现场检查等方式判定是否符合无障碍要求。

8. 达标标准： 各类公共建筑内部应提供连贯的无障碍通行流线。无障碍通行流线上的无障碍出入口、无障碍通道、轮椅坡道、无障碍电梯、公共厕所、低位服务设施等无障碍设施设置应符合标准规范要求；无障碍通行流线上的设施不应妨碍障碍群体独立通行；无障碍标识应连续并清楚地指明无障碍设施的位置和方向。

9. 实施要求：

（1）办公、科研、司法建筑建筑。政府办公建筑、司法办公建筑、企事业办公建筑、各类科研建筑、社区办公及其他办公建筑均应进行无障碍设计，详见表2–23。

表2–23　办公、科研、司法建筑无障碍考评重点

考评重点	主要建设要求	条目索引
建筑基地	建筑基地的车行道与人行通道地面有高差时，在人行通道的路口及人行横道的两端应设缘石坡道	GB 50763—2012 第8.1.1条
无障碍机动车停车位	建筑基地内总停车数在100辆以下时，应设置不少于1个无障碍机动车停车位，100辆以上时，应设置不少于总停车数1%的无障碍机动车停车位	GB 50763—2012 第8.1.2条
无障碍出入口	建筑的主要出入口应为无障碍出入口，宜设置坡度小于1∶30的平坡出入口	
无障碍休息区	建筑出入口大厅、休息厅、贵宾休息室、疏散大厅等人员聚集场所有高差或台阶时，应设轮椅坡道，宜提供休息座椅和可以放置轮椅的无障碍休息区	GB 50763—2012 第8.2.2条
无障碍通道	公众通行的室内走道应为无障碍通道，走道长度大于60.00m时，宜设休息区，休息区应避开行走路线	
无障碍电梯	建筑内设有电梯时，至少应设置1部无障碍电梯	GB 50763—2012 第8.1.4条
楼梯	供公众使用的楼梯宜为无障碍楼梯	
公共厕所	供公众使用的男、女公共厕所均应满足无障碍要求或在男、女公共厕所附近设置1个无障碍厕所，且建筑内至少应设置1个无障碍厕所，内部办公人员使用的男、女公共厕所至少应各有1个满足无障碍要求或在男、女公共厕所附近设置1个无障碍厕所	GB 50763—2012 第8.2.2条
轮椅席位	法庭、审判庭及为公众服务的会议及报告厅等的公众坐席座位数为300座及以下时，应至少设置1个轮椅席位，300座以上时，不应少于0.2%且不少于2个轮椅席位。多功能厅、报告厅等至少应设置1个轮椅坐席	GB 50763—2012 第8.2.3条
无障碍标识	主要出入口、建筑出入口、通道、停车位、厕所、电梯等无障碍设施的位置应设置无障碍标识	GB 50763—2012 第8.1.6条
信息标识	建筑物出入口和楼梯前室宜设楼面示意图，在重要信息提示处宜设电子显示屏	

（2）教育建筑。托儿所、幼儿园建筑、中小学建筑、高等院校建筑、职业教育建筑、特殊教育建筑均应进行无障碍设计，详见表2–24。

表2-24 教育建筑无障碍考评重点

考评重点	主要建设要求	条目索引
无障碍出入口	凡教师、学生和婴幼儿使用的建筑物的主要出入口应为无障碍出入口，宜设置为平坡出入口	GB 50763—2012 第8.3.2条
无障碍机动车停车位	建筑基地内总停车数在100辆以下时，应设置不少于1个无障碍机动车停车位，100辆以上时，应设置不少于总停车数1%的无障碍机动车停车位	GB 50763—2012 第8.1.2条
楼梯	主要教学用房应至少设置1部无障碍楼梯	GB 50763—2012 第8.3.2条
公共厕所	公共厕所应至少有1处满足无障碍要求。接收残疾生源的教育建筑主要教学用房每层至少有1处公共厕所满足无障碍要求	
轮椅坐席	接收残疾生源的教育建筑的合班教室、报告厅以及剧场等应设置不少于2个轮椅坐席，有固定座位的教室、阅览室、实验教室等教学用房应在靠近出入口处预留轮椅回转空间	GB 50763—2012 第8.3.3条
无障碍通道	盲校、培智学校学生经常出入的门厅、走道上不应设台阶，如有高差，应设无障碍坡道；盲校、培智学校的走道内墙两侧均应设置连续无障碍扶手，扶手端部应沿墙方向做成弧形连接，扶手宜选用耐久、防滑、易清洗、热惰性指标好的材料	JGJ 76—2019 第7.0.6条

（3）医疗康复建筑。综合医院、专科医院、疗养院、康复中心、急救中心和其他所有与医疗、康复有关的建筑物均应进行无障碍设计，详见表2-25。

表2-25 医疗康复建筑无障碍考评重点

考评重点	主要建设要求	条目索引
建筑基地	室外通行步行道应满足无障碍要求	GB 50763—2012 第8.4.2条
无障碍机动车停车位	建筑基地内总停车数在100辆以下时，应设置不少于1个无障碍机动车停车位，100辆以上时，应设置不少于总停车数1%的无障碍机动车停车位	GB 50763—2012 第8.1.2条
无障碍出入口	门诊、急诊、急救和住院应分别设置无障碍出入口，宜设置为平坡出入口	GB 51039—2014 第5.1.2条
	办公、科研、餐厅、食堂、太平间用房的主要出入口应为无障碍出入口	GB 50763—2012 第8.4.7条

续表

考评重点	主要建设要求	条目索引
无障碍通道	室内通道应设置无障碍通道，净宽不应小于1.80m，并应按要求设置扶手	GB 50763—2012 第8.4.2条
楼梯	同一建筑内应至少设置1部无障碍楼梯	
无障碍电梯	建筑内设有电梯时，每组电梯应至少设置1部无障碍电梯	
公共厕所	首层应至少设置1处无障碍厕所，各楼层应至少有1处公共厕所满足无障碍要求。病房内的厕所应设置安全抓杆	
母婴室	儿童医院的门、急诊部和医技部，每层宜设置至少1处母婴室，并靠近公共厕所	
更衣室	病人更衣室内应留有直径不小于1.50m的轮椅回转空间，部分更衣箱高度应小于1.40m	GB 50763—2012 第8.4.4条
低位服务设施	诊区、病区的护士站、公共电话台、查询处、饮水器、自助售货处、服务台等应设置低位服务设施	GB 50763—2012 第8.4.2条
轮椅停留空间	院区室外的休息座椅旁应留有轮椅停留空间	
	等候区应留有轮椅停留空间	
无障碍标识	无障碍设施应设符合我国国家标准要求的无障碍标志	
信息无障碍	在康复建筑的院区主要出入口处宜设置盲文地图或供视觉障碍者使用的语音导医系统和提示系统、供听力障碍者需要的手语服务及文字提示导医系统	
	挂号、收费、取药处应设置文字显示器以及语言广播装置	GB 50763—2012 第8.4.3条
	取报告处宜设文字显示器和语音提示装置	GB 50763—2012 第8.4.4条

（4）体育建筑。体育比赛（训练）、体育教学、体育休闲的体育场馆和场地设施均应进行无障碍设计，详见表2-26。

表2-26　体育建筑无障碍考评重点

考评重点	主要建设要求	条目索引
建筑基地	建筑基地的车行道与人行通道地面有高差时，在人行通道的路口及人行横道的两端应设缘石坡道	GB 50763—2012 第8.1.1条
无障碍停车位数量	特级、甲级场馆基地内应设置不少于停车数量的2%，且不少于2个无障碍机动车停车位，乙级、丙级场馆基地内应设置不少于2个无障碍机动车停车位	GB 50763—2012 第8.6.2条

续表

考评重点	主要建设要求	条目索引
出入口	建筑物的观众、运动员及贵宾出入口应至少各设1处无障碍出入口，其他功能分区的出入口可根据需要设置无障碍出入口	GB 50763—2012 第8.6.2条
检票口	建筑的检票口及无障碍出入口到各种无障碍设施的室内走道应为无障碍通道，通道长度大于60.00m时，宜设休息区，休息区应避开行走路线	
无障碍休息区	大厅、休息厅、贵宾休息室、疏散大厅等主要人员聚集场所宜设放置轮椅的无障碍休息区	
无障碍楼梯	供观众使用的楼梯应为无障碍楼梯	
无障碍电梯	特级、甲级场馆内各类观众看台区、主席台、贵宾区内设置电梯时，应至少各设置1部无障碍电梯，乙级、丙级场馆内坐席区设有电梯时，应至少设置1部无障碍电梯，并应满足赛事和观众的需要	
无障碍厕所	特级、甲级场馆每处观众区和运动员区使用的男、女公共厕所均应满足无障碍要求或在每处男、女公共厕所附近设置1个无障碍厕所，且场馆内至少应设置1个无障碍厕所，主席台休息区、贵宾休息区应至少各设置1个无障碍厕所；乙级、丙级场馆的观众区和运动员区应至少有1处男、女公共厕所满足无障碍要求或在男、女公共厕所附近设置1个无障碍厕所	
运动员浴室	运动员浴室均应满足无障碍要求	
轮椅席位	场馆内各类观众看台的坐席区都应设置轮椅席位，并在轮椅席位旁或邻近的坐席处设置1:1的陪护席位，轮椅席位数不应少于观众席位总数的0.2%	
无障碍标识	主要出入口、建筑出入口、通道、停车位、厕所、电梯等无障碍设施的位置应设置无障碍标识	GB 50763—2012 第8.1.6条
信息标识	建筑物出入口和楼梯前室宜设楼面示意图，在重要信息提示处宜设电子显示屏	

（5）文化建筑。文化馆、活动中心、图书馆、档案馆、纪念馆、博物馆、展览馆、科技馆、艺术馆、美术馆、会展中心、剧场、音乐厅、电影院、会堂、演艺中心等文化建筑均应进行无障碍设计，详见表2-27。

表2–27 文化建筑无障碍考评重点

考评重点	主要建设要求	条目索引
无障碍出入口	建筑物至少应有1处为无障碍出入口，且宜位于主要出入口处	GB 50763—2012 第8.7.2条
	图书馆、文化馆等安有探测仪的出入口应便于乘轮椅者进入	GB 50763—2012 第8.7.3条
无障碍机动车停车位	建筑基地内总停车数在100辆以下时，应设置不少于1个无障碍机动车停车位，100辆以上时，应设置不少于总停车数1%的无障碍机动车停车位	GB 50763—2012 第8.1.2条
无障碍通道	公众通行的室内走道及检票口应为无障碍通道，走道长度大于60.00m时，宜设休息区，休息区应避开行走路线	GB 50763—2012 第8.7.2条
无障碍休息区	建筑出入口大厅、休息厅（贵宾休息厅）、疏散大厅等主要人员聚集场所有高差或台阶时，应设轮椅坡道。宜设置休息座椅和可以放置轮椅的无障碍休息区	
公共厕所	供公众使用的男、女公共厕所每层应至少有1处满足无障碍要求或在男、女公共厕所附近设置1个无障碍厕所。演员活动区域应至少有1处男、女公共厕所满足无障碍要求，贵宾室宜设1个无障碍厕所	
无障碍电梯	图书馆的四层及四层以上设有阅览室时，应设置为读者服务的电梯，并应至少设1部无障碍电梯	JGJ 38—2015 第4.1.4条
楼梯	供公众使用的主要楼梯宜为无障碍楼梯	GB 50763—2012 第8.7.2条
餐厅	公共餐厅应提供总用餐数2%的活动座椅，供乘轮椅者使用	
轮椅席位	报告厅、视听室、陈列室、展览厅等设有观众席位时应至少设1个轮椅席位	GB 50763—2012 第8.7.2条
	观众厅内座位数为300座及以下时，应至少设置1个轮椅席位，300座以上时，不应少于0.2%且不少于2个轮椅席位	GB 50763—2012 第8.7.3条
低位目录检索台	图书馆、文化馆等应设置低位目录检索台	

（6）商业服务建筑。各类百货店、购物中心、超市、专卖店、专业店、餐饮建筑、旅馆等商业建筑，银行、证券等金融服务建筑，邮局、电信局等邮电建筑，娱乐建筑均应进行无障碍设计，详见表2–28。

表2-28　商业服务建筑无障碍考评重点

考评重点	主要建设要求	条目索引
无障碍出入口	建筑物应至少有1处为无障碍出入口，且宜位于主要出入口处	GB 50763—2012 第8.8.2条
无障碍通道	公众通行的室内走道应为无障碍通道	
无障碍厕所	供公众使用的男、女公共厕所应每层至少有1处满足本规范第3.9.1条（公共厕所）的有关规定或在男、女公共厕所附近设置1个无障碍厕所，大型商业建筑宜在男、女公共厕所满足本规范第3.9.1条（公共厕所）的有关规定的同时且在附近设置1个无障碍厕所	
无障碍楼梯	供公众使用的主要楼梯应为无障碍楼梯	
无障碍机动车停车位	建筑基地内总停车数在100辆以下时，应设置不少于1个无障碍机动车停车位，100辆以上时，应设置不少于总停车数1%的无障碍机动车停车位	GB 50763—2012 第8.1.2条
无障碍客房	旅馆等商业服务建筑应设置无障碍客房，其数量应符合下列规定：100间以下时，应设1间~2间无障碍客房；100间~400间时，应设2间~4间无障碍客房；400间以上时，应至少设4间无障碍客房	GB 50763—2012 第8.8.3条
导盲犬休息设施	设有无障碍客房的旅馆建筑，宜配备方便导盲犬休息设施	GB 50763—2012 第8.8.4条

10. 典型案例：

（1）办公建筑典型案例见表2-29。

表2-29　办公建筑典型案例

点位	正确案例	错误案例
无障碍服务窗口	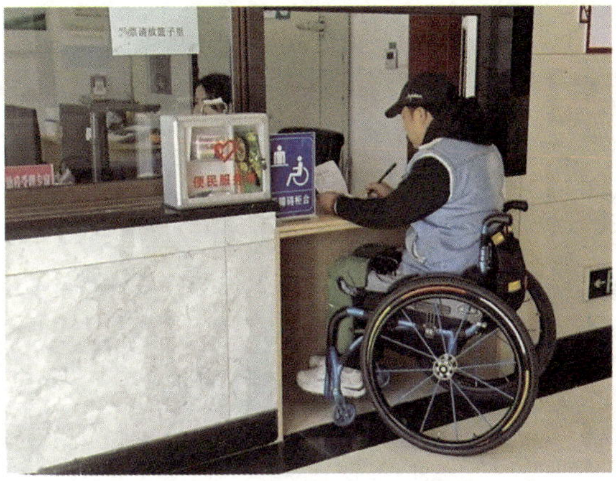 服务窗口改造出一个低位服务窗口	 办事大厅未设置低位服务窗口

续表

点位	正确案例	错误案例
无障碍出入口	 主要出入口设置轮椅坡道	 主要出入口未设置轮椅坡道

（2）教育建筑典型案例见表2-30。

表2-30　教育建筑典型案例

点位	正确案例	错误案例
无障碍出入口	 主要教学楼出入口为平坡出入口	 教师、学生使用的主要出入口未设置无障碍出入口
无障碍通道	 有高差或台阶时设置轮椅坡道	 主要通道未设置轮椅坡道

（3）医疗康复建筑典型案例见表2–31。

表2–31　医疗康复建筑典型案例

点位	正确案例	错误案例
无障碍出入口	 主要出入口设置有轮椅坡道	 急救中心出入口坡道未设置扶手
服务窗口	 取药窗口设有低位服务窗口	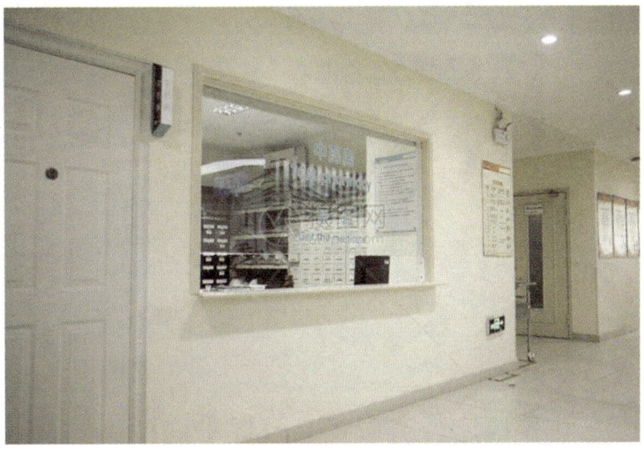 取药窗口未设置低位服务窗口
无障碍通道	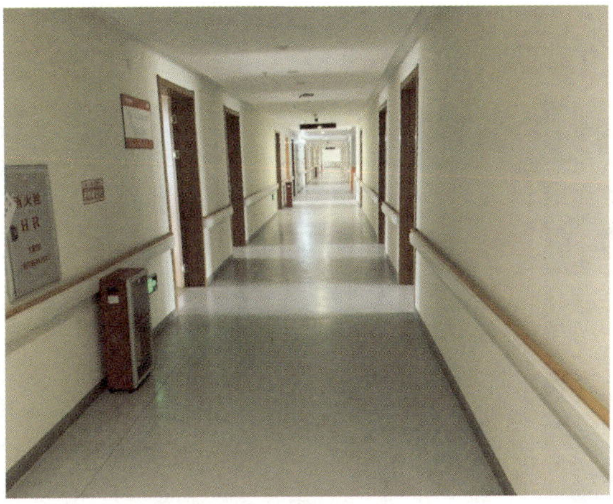 无障碍通道两侧设置连续扶手	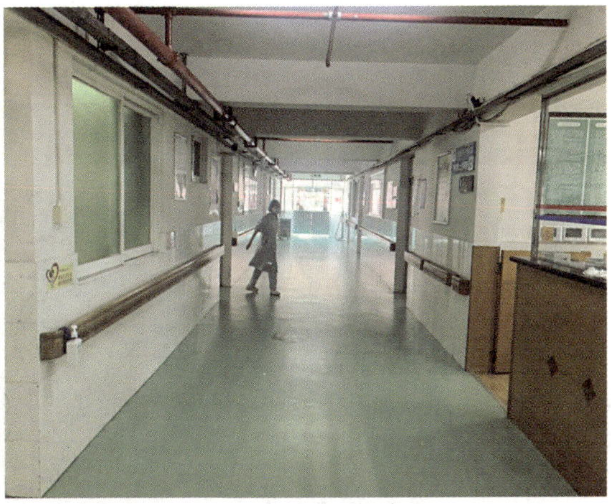 无障碍通道扶手不连续

续表

点位	正确案例	错误案例
病房卫生间	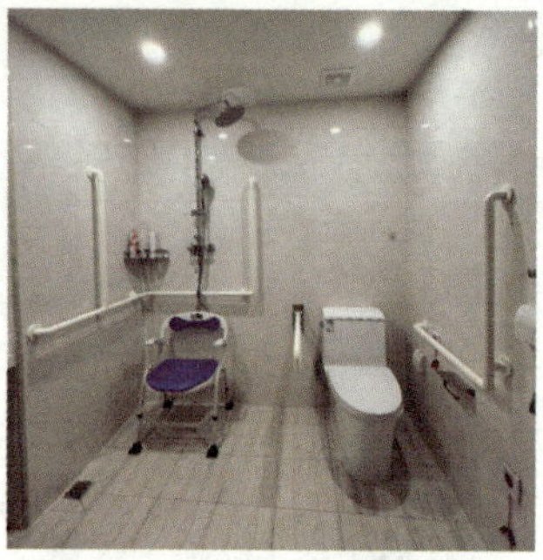 无障碍病房卫生间满足轮椅回转空间要求	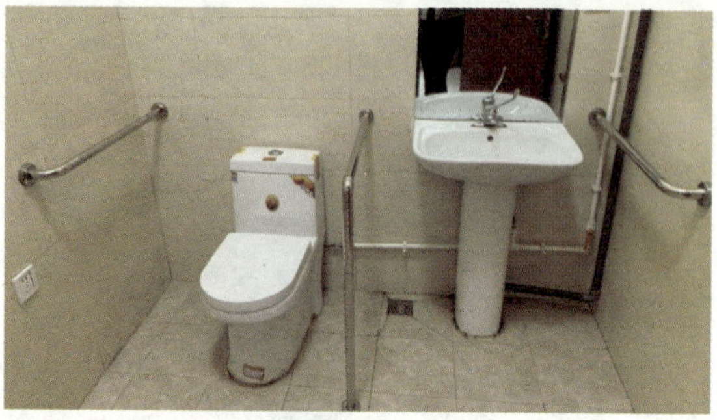 无障碍病房卫生间无障碍坐便器、无障碍洗手盆设置有误，未设置紧急呼叫装置

（4）体育建筑典型案例见表2-32。

表2-32　体育建筑典型案例

点位	正确案例	错误案例
轮椅席位	 轮椅席位旁设置1∶1陪护席位	 轮椅席位地面未设置无障碍标志

（5）文化建筑典型案例见表2-33。

表2-33　文化建筑典型案例

点位	正确案例	错误案例
无障碍通道	 无障碍通道两侧设有扶手并设置无障碍标识	 无障碍通道两侧未设置扶手

续表

点位	正确案例	错误案例
无障碍席位	 观众席设置无障碍席位	 观众席未设置无障碍席位

（6）商业服务建筑典型案例见表2-34。

表2-34 商业服务建筑典型案例

点位	正确案例	错误案例
无障碍出入口	 出入口为无障碍出入口	 轮椅坡道两侧未设置扶手
无障碍停车位	 地面平整、防滑、不积水，设有1.2m通道，并涂有停车线、轮椅通道线和无障碍标识	 无障碍停车位一侧未设置1.2m通道，并未涂轮椅通道线

指标十四　既有公共建筑无障碍改造达标率

1. 考评范围：申报年1月1日前已建成使用并纳入考评期改造计划的既有公共建筑，具体范围参照新建公共建筑。

2. 指标释义：符合无障碍要求的既有公共建筑改造数量占既有公共建筑改造总数比例。

3. 指标类型：导向指标。

4. 指标要求：80%。

5. 评分标准：6分。

既有公共建筑改造数量指纳入中长期改造规划且列入申报年至考评年年度改造计划的既有公共建筑数量。其中，符合无障碍要求的既有公共建筑改造数量占比达到80%及以上，得6分，未达到则按比例计分，例如：达到65%，得4.9分（65% ÷ 80% × 6=4.9）。

6. 考评重点：

（1）建筑物出入口坡化处理，设置无障碍通道、无障碍电梯、无障碍厕所及无障碍厕位，停车场应设置无障碍停车位，在显著醒目位置设无障碍标志，大型场所设置无障碍行进路线图，有条件的加装无障碍电梯。

（2）政府办公建筑、医院、邮政、电信、银行等公共服务建筑的对外服务窗口要设低位服务设施，文化建筑、体育建筑同时要设低位服务设施和轮椅席位，宾馆、酒店同时要有一定数量的无障碍客房。

7. 豁免条款：受客观条件限制，当改造项目条件不具备或执行现行标准规范有困难时，适用豁免条款。此时，改造标准应不低于原建造时的标准，改造重点是因地制宜设置无障碍设施，或提供辅助措施、服务措施，满足无障碍通行需要。举例说明：现场条件受到限制无法改建出无障碍厕所时，可在公共卫生间内设置无障碍厕位。

考评依据、考评方法、达标标准参照新建公共建筑执行。

指标十五　公园绿化活动场地、广场无障碍设施设置率

1.考评范围：城市中的各类公园（综合公园、社区公园、专类公园、带状公园、街头绿地等）；各类城市设施附属绿地中的开放式绿地；对公众开放的其他绿地；公共活动广场；交通集散广场。

2.指标释义：符合无障碍要求的公园绿化活动场地、广场数量占公园绿化活动场地、广场总数比例（考察存量设施）。

3.指标类型：导向指标。

4.指标要求：100%。

5.评分标准：6分。

符合无障碍要求的公园绿化活动场地、广场数量占比达到100%，得6分，未达到则按比例计分，例如：达到65%，得3.9分（65% ÷ 100% × 6=3.9）。

6.考评依据：《建筑与市政工程无障碍通用规范》GB 55019—2021、《无障碍设计规范》GB 50763—2012、《无障碍设施施工验收及维护规范》GB 50642—2011、《园林绿化工程项目规范》GB 55014—2021、《公园设计规范》GB 51192—2016、《植物园设计标准》CJJ/T 300—2019、《居住绿地设计标准》CJJ/T 294—2019。

7.考评方法：对考评范围内的公园绿化活动场地、广场进行检查，通过查验施工图、竣工验收报告、现场检查等方式判定是否符合无障碍要求。

8.达标标准：公园绿化活动场地、广场提供连贯的无障碍通行流线。无障碍通行流线上的无障碍设施设置符合标准规范要求，且无障碍通行流线上的设施不妨碍障碍群体独立通行。主要出入口、主要景点、主要游憩区的公共设施、服务设施应为无障碍设施。设置服务设施时应同时设置低位服务设施；主要休息区的休息座椅旁应设置轮椅停留空间。危险地段和可以进入的低矮空间应设置安全防护设施。停车场应设置无障碍机动车停车位。大型场所应设置无障碍行进路线图。无障碍标识连续并清楚地指明无障碍设施的位置和方向。

9.考评重点：

（1）城市广场。公共活动广场、交通集散广场均应进行无障碍设计，详见表2-35。

表2-35　城市广场无障碍考评重点

考评重点	主要建设要求	条目索引
地面	城市广场的地面应平整、防滑、不积水	GB 50763—2012 第5.2.2条
盲道设置	设有台阶或坡道时，距每段台阶与坡道的起点与终点250~ 500mm处应设提示盲道，其长度应与台阶、坡道相对应，宽度应为250~500mm 人行道中有行进盲道时，应与提示盲道相连接	GB 50763—2012 第5.2.3条
轮椅坡道	1.城市广场的地面有高差时，设置台阶的同时应设置轮椅坡道； 2.当设置轮椅坡道有困难时，可设置无障碍电梯	GB 50763—2012 第5.2.4条
低位服务设施	城市广场内的服务设施应同时设置低位服务设施	GB 50763—2012 第5.2.5条
无障碍机动车停车位	城市广场的公共停车场的停车数在50辆以下时，应设置不少于1个无障碍机动车停车位；100辆以下时，应设置不少于2个无障碍机动车停车位；100辆以上时，应设置不少于总停车数2%的无障碍机动车停车位	GB 50763—2012 第5.2.1条
公共厕所	男、女公共厕所均应符合城市公共厕所无障碍设计的相关规定	GB 50763—2012 第5.2.6条
无障碍标志	城市广场的无障碍设施的位置应设置无障碍标志，带指示方向的无障碍设施标志牌应与无障碍设施标志牌形成引导系统，满足通行的连续性	GB 50763—2012 第5.2.7条

（2）公园绿地。城市中的各类公园，包括综合公园、社区公园、专类公园、带状公园、街旁绿地、附属绿地中的开放式绿地、对公众开放的其他绿地均应进行无障碍设计，详见表2-36。

表2-36　公园绿地无障碍考评重点

考评重点	主要建设要求	条目索引
停车场	公园绿地停车场的总停车数在50辆以下时，应设置不少于1个无障碍机动车停车位；100辆以下时，应设置不少于2个无障碍机动车停车位；100辆以上时，应设置不少于总停车数2%的无障碍机动车停车位	GB 50763—2012 第6.2.1条
售票处	1.主要出入口的售票处应设置低位售票窗口； 2.低位售票窗口前地面有高差时，应设轮椅坡道以及不小于1.50m×1.50m的平台； 3.售票窗口前应设提示盲道，距售票处外墙应为250~500mm	GB 50763—2012 第6.2.2条

续表

考评重点	主要建设要求	条目索引
出入口	1.主要出入口应设置为无障碍出入口，设有自动检票设备的出入口，也应设置专供乘轮椅者使用的检票口； 2.出入口检票口的无障碍通道宽度不应小于1.20m； 3.出入口设置车挡时，车挡间距不应小于900mm	GB 50763—2012 第6.2.2条
无障碍游览路线	1.无障碍游览主园路应结合公园绿地的主路设置，应能到达部分主要景区和景点，并宜形成环路，纵坡宜小于5%，山地公园绿地的无障碍游览主园路纵坡应小于8%；无障碍游览主园路不宜设置台阶、梯道，必须设置时，应同时设置轮椅坡道； 2.无障碍游览支园路应能连接主要景点，并和无障碍游览主园路相连，形成环路；小路可到达景点局部，不能形成环路时，应便于折返，无障碍游览支园路和小路的纵坡应小于8%；坡度超过8%时，路面应做防滑处理，并不宜轮椅通行； 3.园路坡度大于8%时，宜每隔10.00~20.00m在路旁设置休息平台； 4.紧邻湖岸的无障碍游览园路应设置护栏，高度不低于900mm； 5.在地形险要的地段应设置安全防护设施和安全警示线； 6.路面应平整、防滑、不松动。园路上的窨井盖板应与路面平齐，排水沟的滤水箅子孔的宽度不应大于15mm	GB 50763—2012 第6.2.4条
游憩区	1.主要出入口或无障碍游览园路沿线应设置一定面积的无障碍游憩区； 2.无障碍游憩区应方便轮椅通行，有高差时，应设置轮椅坡道，地面应平整、防滑、不松动； 3.无障碍游憩区的广场树池宜高出广场地面，与广场地面相平的树池应加箅子	GB 50763—2012 第6.2.5条
游憩设施	1.在没有特殊景观要求的前提下，应设为无障碍游憩设施； 2.单体建筑和组合建筑包括亭、廊、榭、花架等，若有台明和台阶时，台明不宜过高，入口应设置坡道，建筑室内应满足无障碍通行； 3.建筑院落的出入口以及院内广场、通道有高差时，应设置轮椅坡道；有三个以上出入口时，至少应设两个无障碍出入口，建筑院落的内廊或通道的宽度不应小于1.20m； 4.码头与无障碍园路和广场衔接处有高差时，应设置轮椅坡道； 5.无障碍游览路线上的桥应为平桥或坡度在8%以下的小拱桥，宽度不应小于1.20m，桥面应防滑，两侧应设栏杆。桥面与园路、广场衔接有高差时，应设轮椅坡道	GB 50763—2012 第6.2.6条
服务设施	1.小卖店等的售货窗口应设置低位窗口； 2.茶座、咖啡厅、餐厅、摄影部等出入口应为无障碍出入口。应提供一定数量的轮椅席位； 3.服务台、业务台、咨询台、售货柜台等应设有低位服务设施	GB 50763—2012 第6.2.6条

续表

考评重点	主要建设要求	条目索引
标识与信息	1. 主要出入口、无障碍通道、停车位、建筑出入口、公共厕所等无障碍设施的位置应设置无障碍标志，并应形成完整的无障碍标识系统，清楚地指明无障碍设施的走向及位置； 2. 应设置系统的指路牌、定位导览图、景区景点和园中园说明牌； 3. 出入口应设置无障碍设施位置图、无障碍游览图； 4. 危险地段应设置必要的警示、提示标志及安全警示线	GB 50763—2012 第6.2.7条
植物园/动物园	1. 大型植物园宜设置盲人植物区域或者植物角，并提供语音服务、盲文铭牌等供视觉障碍者使用的设施； 2. 绿地内展览区、展示区、动物园的动物展示区应设置便于乘轮椅者参观的窗口或位置	GB 50763—2012 第6.2.8条

10. 典型案例： 见表2-37。

表2-37　公园绿地典型案例

点位	正确案例	错误案例
地面	 地面平整、防滑、不积水	 地面凹凸不平
广场出入口	 广场出入口高差处设置轮椅坡道	 广场出入口高差处未设置轮椅坡道

续表

点位	正确案例	错误案例
公园出入口	 主要出入口为无障碍出入口	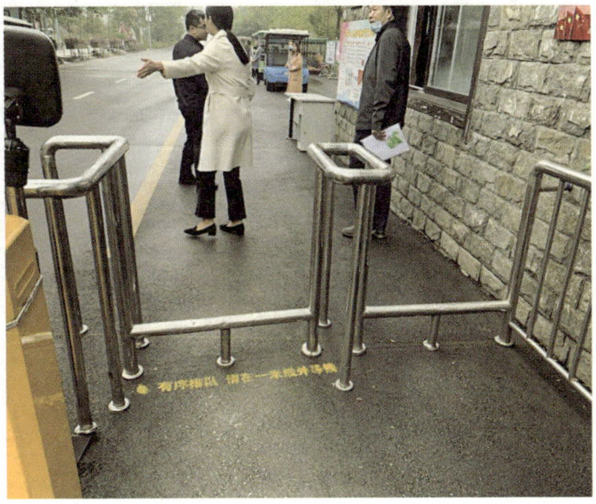 出入口未设置无障碍通道
无障碍游览路线	 无障碍游览主园路设置轮椅坡道	 无障碍游览主园路不宜设置台阶、梯道，必须设置时，应同时设置轮椅坡道
无障碍停车位	 无障碍停车位地面平整防滑，设有轮椅通道，地面涂有停车线、轮椅通道线和无障碍标志	 无障碍停车位一侧未设置轮椅通道

续表

点位	正确案例	错误案例
服务设施	 公园内服务设施出入口为无障碍出入口	 公园内服务设施未设置无障碍出入口
公园厕所	 公共厕所设置无障碍出入口	 公共厕所入口处有高差
游憩设施	 码头与无障碍园路有高差时，设置轮椅坡道	 游憩设施入口未设置轮椅坡道

续表

点位	正确案例	错误案例
游憩设施	 方便乘轮椅者使用的秋千	 游憩设施区有高差

指标十六　独立式公共厕所无障碍设施设置率

1. 考评范围： 位于商业区、重要公共设施、重要交通客运设施、公共绿地及其他环境要求高的区域以及城市道路沿线的独立式公共厕所。

2. 指标释义： 符合无障碍要求的独立式公共厕所数量占独立式公共厕所总数比例（考察存量设施）。

3. 指标类型： 导向指标。

4. 指标要求： 80%。

5. 评分标准： 6分。

符合无障碍要求的独立式公共厕所数量占比达到80%及以上，得6分，未达到则按比例计分，例如：达到65%，得4.9分（65% ÷ 80% × 6=4.9）。

6. 考评依据：《建筑与市政工程无障碍通用规范》GB 55019—2021、《无障碍设计规范》GB 50763—2012、《无障碍设施施工验收及维护规范》GB 50642—2011、《城市公共厕所设计标准》CJJ 14—2016。

7. 考评方法： 对考评范围内的独立式公共厕所进行检查，通过查验施工图、竣工验收报告、现场检查等方式判定是否符合无障碍要求。

8. 达标标准： 独立式公共厕所内的无障碍设施设置应满足障碍群体独立、安全、便利地使用的要求；无障碍标识应清楚地指明无障碍设施的位置和方向。女厕所应设置无障碍厕位和无障碍洗手盆；男厕所应设置无障碍厕位、无障碍小便器和无障碍洗手盆；厕所和无障碍厕位内部留有轮椅回转空间。

9. 考评重点： 见表2-38。

表2-38　独立式公共厕所无障碍考评重点

考评重点	主要建设要求	条目索引
出入口	出入口应为无障碍出入口	GB 50763—2012 第8.13.2条
无障碍厕位	在两层公共厕所中，无障碍厕位应设在地面层；无障碍厕位应方便乘轮椅者到达和进出，尺寸不应小于1.80m × 1.50m。厕位门如采用向内开启的平开门，应在开启后厕位内留有轮椅回转空间，并应采用门外可紧急开启的门闩。无障碍厕位应设置无障碍坐便器	

续表

考评重点	主要建设要求	条目索引
男厕所和女厕所无障碍设施	女厕所的无障碍设施包括至少1个无障碍厕位和1个无障碍洗手盆；男厕所的无障碍设施包括至少1个无障碍厕位、1个无障碍小便器和1个无障碍洗手盆；并应满足本规范无障碍要求	
无障碍厕所	宜在公共厕所旁另设1处无障碍厕所； 具备条件时，宜在公共厕所旁另设1处无障碍厕所，面积不小于4.00m²，内部留有轮椅回转空间并设置无障碍坐便器、无障碍洗手盆、多功能台、低位挂衣钩和救助呼叫装置。应设置水平滑动式门或向外开启的平开门	GB 50763—2012第8.13.2条
无障碍通道	厕所内的通道应方便乘轮椅者进出和回转，回转直径不小于1.50m	
门	门应方便开启，通行净宽度不应小于800mm	
地面	地面应防滑、不积水	

10.典型案例：见表2-39。

表2-39　独立式公共厕所典型案例

点位	正确案例	错误案例
出入口	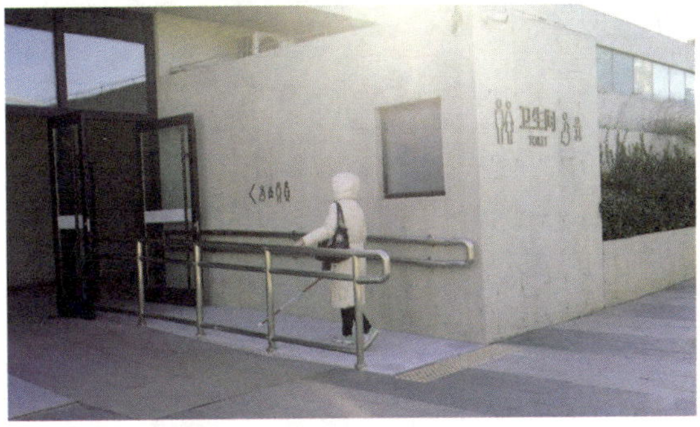 出入口为无障碍出入口	 轮椅坡道未在两侧设置扶手
出入口	 出入口设置坡道困难时，增设无障碍升降平台	 出入口坡道坡度、扶手等不符合规范要求

续表

点位	正确案例	错误案例
无障碍卫生间	 门采用推拉门	 未设置向外开启的平开门
无障碍坐便器	 一侧设置L形抓杆，另一侧一侧设置上翻型抓杆	 问题1：靠墙侧未设置L形抓杆； 问题2：紧急呼叫按钮设置位置有误
无障碍小便器	 小便器两侧设置长度为550mm的水平安全抓杆，距地面高度为900mm，小便器上部设置支撑安全抓杆，距地面高度为1.20m	 小便器上部缺少支撑安全抓杆

续表

点位	正确案例	错误案例
无障碍洗手盆	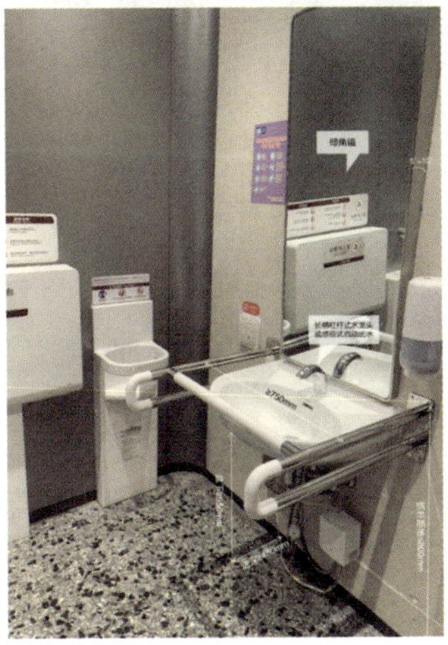	 问题1：安全抓杆设置有误； 问题2：未设置纸巾盒等

指标十七　福利及特殊服务建筑无障碍设施设置率

1. 考评范围：特殊教育学校、儿童福利机构；残疾人集中就业单位、残疾人综合服务设施、残疾人托养服务机构、残疾人福利机构；老年人照料设施、老年人服务设施；残疾人、老年人集中或使用频率较高的建筑。

2. 指标释义：符合无障碍要求的福利及特殊服务建筑数量占福利及特殊服务建筑总数比例（考察存量设施）。

3. 指标类型：底线指标。

4. 指标要求：100%。

5. 评分标准：5分。达到100%，得5分；不达标，不得分。

6. 考评依据：《建筑与市政工程无障碍通用规范》GB 55019—2021、《无障碍设计规范》GB 50763—2012、《无障碍设施施工验收及维护规范》GB 50642—2011、《特殊教育学校建筑设计标准》JGJ 76—2019、《城镇老年人设施规划规范》GB 50437—2007（2018年版）、《老年人照料设施建筑设计标准》JGJ 450—2018。

7. 考评方法：对考评范围内的福利及特殊服务建筑进行检查，通过查验施工图、竣工验收报告、现场检查等方式判定是否符合无障碍要求。

8. 达标标准：建筑基地内或建筑所属范围内应提供连贯的无障碍通行流线。主要出入口、休息厅、服务台、通道、楼梯、电梯、厕所、浴室、居室、门、扶手、挂钩等设施应为无障碍设施，并符合标准规范要求。公共活动区域和居室宜设置语音提示装置。

9. 考评重点：福利院、敬（安、养）老院、老年护理院、老年住宅、残疾人综合服务设施、残疾人托养中心、残疾人体训中心及其他残疾人集中或使用频率高的建筑均应进行无障碍设计，详见表2-40。

表2-40　福利及特殊服务建筑无障碍考评重点

考评重点	主要建设要求	条目索引
室外通行的步行道	室外通行的步行道应满足无障碍要求	GB 50763—2012 第8.5.2条
室外院区	室外院区的休息座椅旁应留有轮椅停留空间	

续表

考评重点	主要建设要求	条目索引
无障碍机动车停车位	建筑基地内总停车数在100辆以下时，应设置不少于1个无障碍机动车停车位；100辆以上时，应设置不少于总停车数1%的无障碍机动车停车位	GB 50763—2012第8.1.2条
无障碍出入口	建筑物首层主要出入口应为无障碍出入口，宜设置为平坡出入口。主要出入口设置台阶时，台阶两侧宜设置扶手	GB 50763—2012第8.5.2条
无障碍休息区	建筑出入口大厅、休息厅等人员聚集场所宜提供休息座椅和可以放置轮椅的无障碍休息区	
无障碍通道	公共区域的室内通道应为无障碍通道，走道两侧墙面应设置扶手。室外的连通走道应选用平整、坚固、耐磨、不光滑的材料并宜设防风避雨设施	
无障碍楼梯	楼梯应为无障碍楼梯	
无障碍电梯	电梯应为无障碍电梯	GB 50763—2012第8.5.2条
低位服务设施	当设有各种服务窗口时，应设置低位服务设施	GB 50763—2012第8.1.5条
无障碍居室	居室户门净宽不应小于900mm；居室内走道净宽不应小于1.20m；卧室、厨房、卫生间门净宽不应小于800mm；居室宜设置语音提示装置；居室内宜留有直径不小于1.5m的轮椅回转空间；居室内的淋浴间或盆浴间应设置安全抓杆，居室内的厕所应设置安全抓杆	GB 50763—2012第8.5.2条
公共厕所	公共厕所应满足无障碍要求或设置无障碍厕所	
公共浴室	公共浴室应满足无障碍要求	
无障碍标识	无障碍设施应设符合我国国家标准的无障碍标志	GB 50763—2012第8.4.2条

10.典型案例：见表2-41。

表2-41　福利及特殊服务建筑典型案例

点位	正确案例	错误案例
出入口	 出入口为无障碍出入口	 主要出入口未设置无障碍出入口

续表

点位	正确案例	错误案例
通道	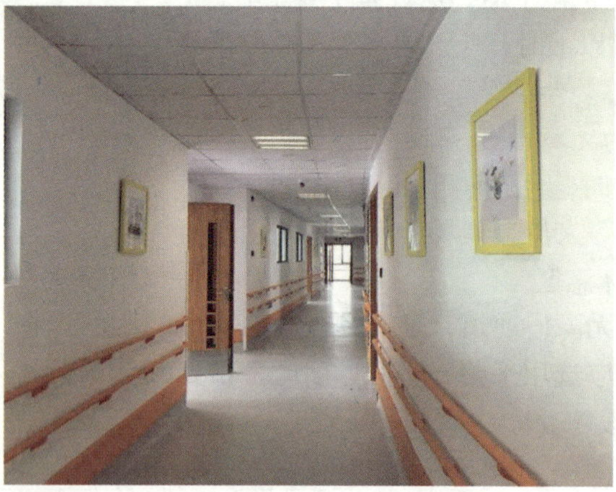 室内通道为无障碍通道，走道两侧墙面设置扶手	 无障碍通道扶手不连续
楼梯	 楼梯两侧设置扶手	 楼梯入口处存在高差，未在两侧设置扶手
无障碍电梯	 轿厢内配置扶手、镜子、低位选层按钮	  未设置无障碍标识，轿厢内未设置扶手、低位选层按钮、镜子等

续表

点位	正确案例	错误案例
护理站	 服务台设置低位服务设施	 服务台未设置容膝容脚空间
公共浴室	 公共浴室设置淋浴座椅	 公共浴室未设置淋浴座椅
就餐区	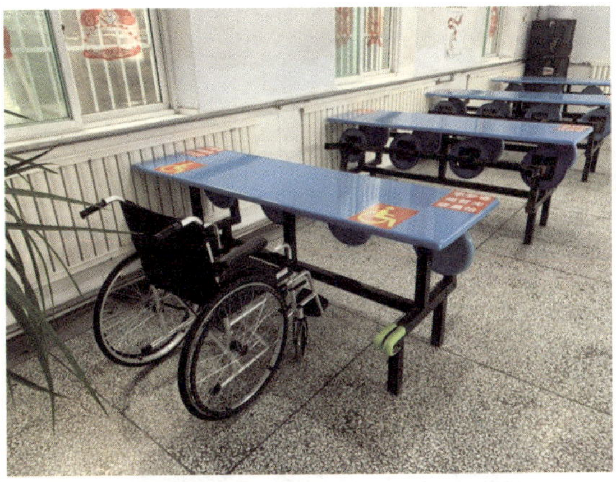 餐厅设置无障碍席位	 餐厅未设置无障碍席位

指标十八　政府网站、政务APP无障碍和适老化建设达标率

1.考评范围：当地主办的政府网站、政务APP。

2.指标释义：符合无障碍要求的政府网站、政务APP数量占政府网站、政务APP总数比例（考察存量设施）。

3.指标类型：导向指标。

4.指标要求：80%。

5.评分标准：5分。

符合无障碍要求的政府网站、政务APP数量占比达到80%及以上，得5分，未达到则按比例计分，例如：达到65%，得4.1分（65%÷80%×5=4.1）。

6.考评依据：《信息技术　互联网内容无障碍可访问性技术要求与测试方法》GB/T 37668—2019、《移动通信终端无障碍技术要求》YD/T 3329—2018。

7.考评方法：对当地主办内的政府网站、政务APP进行检查，判定是否符合无障碍要求。

8.达标标准：政府网站、政务APP建设符合信息无障碍一般要求（理由：目前国家标准中将标准条目分成三级，等级一是基础要求，等级二是加强要求，等级三是可选要求。等级三一般不作为考核指标。根据经验，建设初期等级二的不少标准条目也不宜作为必须的要求），满足不同障碍人群对信息内容可访问的需求。

10.典型案例：见表2-42。

表2-42　政府网站、政务APP典型案例

<table>
<tr><th>点位</th><th>正确案例</th><th>错误案例</th></tr>
<tr><td>政府网站</td><td>

网站设置无障碍阅读模式</td><td>

网站未设置无障碍阅读模式</td></tr>
</table>

指标十九　无障碍信息交流服务覆盖率

1. 考评范围：当地主办的新闻类电视节目、公共图书馆等公共信息服务平台。

2. 指标释义：提供无障碍公共服务的公共信息服务平台（新闻类电视节目、公共图书馆等）数量占公共信息服务平台（新闻类电视节目、公共图书馆等）总数比例（考察存量设施）。

3. 指标类型：导向指标。

4. 指标要求：80%。

5. 评分标准：5分。

提供无障碍公共服务的公共信息服务平台（新闻类电视节目、公共图书馆等）数量占比达到80%及以上，得5分，未达到则按比例计分，例如：达到65%，得4.1分（$65\% \div 80\% \times 5=4.1$）。

6. 考评依据：《建筑与市政工程无障碍通用规范》GB 55019—2021、《无障碍设计规范》GB 50763—2012、《无障碍设施施工验收及维护规范》GB 50642—2011、《图书馆视障人士服务规范》GB/T 36719—2018、《盲用数字出版物格式》GB/T 38640—2020。

7. 考评方法：对当地主办的新闻类电视节目、公共图书馆进行检查，通过现场体验等方式判定是否符合无障碍要求。

8. 达标标准：政府设立的电视台在播出电视节目时应配备字幕，每周应播放至少一次配播手语的新闻节目。政府设立的公共图书馆应开设视力残疾人阅览室，提供盲文读物、大字读物、有声读物及无障碍影视作品等。

9. 典型案例：见表2–43。

表2-43　无障碍信息交流服务典型案例

点位	正确案例
盲文读物	
盲人阅读器	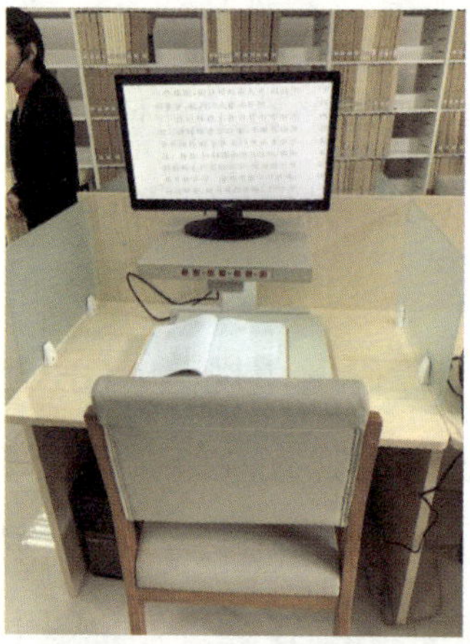 
视力残疾人阅览室	

第三章 标准要求

我国于1989年由原建设部、民政部和中国残联批准发布了行业标准《方便残疾人使用的城市道路和建筑物设计规范》JGJ 50—88，该规范适用于城市道路和建筑物的新建、扩建和改建设计。

2001年，《方便残疾人使用的城市道路和建筑物设计规范》JGJ 50—88修订为《城市道路和建筑物无障碍设计规范》JGJ 50—2001，适用于全国城市各类新建、扩建和改建的城市道路、房屋建筑和居住小区，和有残疾人生活与工作场所的设计。

2012年，住房和城乡建设部发布实施《无障碍设计规范》GB 50763—2012，该规范是在《城市道路与建筑物无障碍设计规范》JGJ 50—2001的基础上研究编制，扩大了实施范围，增加了城市广场、城市绿地和历史文物保护建筑无障碍设计的要求；修订补充了众多详细规定，增加了无障碍楼梯、无障碍电梯、母婴室等术语和设计要求，增加了标识信息无障碍设计规定；根据实际情况修订了一些技术数据，如缘石坡道与行车道最大高差降低、盲道凸起高度降低等。

2022年4月1日，住房和城乡建设部发布的《建筑与市政工程无障碍通用规范》GB 55019—2021正式实施，该规范是国家标准标准化改革后，住房和城乡建设领域全文强制性工程建设规范之一。该规范涵盖了无障碍通行设施、无障碍服务设施、无障碍信息交流设施、无障碍设施施工验收和维护四个方面，对无障碍设施功能、性能提出了底线要求。

2022年，住房和城乡建设部、中国残联印发了《创建全国无障碍建设示范城市（县）考评标准》，明确了19项考核指标，考核指标中区分了新建设施和既有设施改造。对于既有设施改造，豁免条款规定，当改造项目条件不具备或执行现行标准规范有困难时，改造标准应不低于原建造时的标准，为便于查找不同历史时期的无障碍设施建设标准要求，特对无障碍通道、轮椅坡道、缘石坡道等24项通用无障碍设施的标准要求进行对比分析，为开展无障碍设施建设改造提供标准指引。

设施一　无障碍通道

无障碍通道标准要求见表3-1。

表3-1　无障碍通道标准要求

对比内容	《方便残疾人使用的城市道路和建筑物设计规范》JGJ 50—88	《城市道路和建筑物无障碍设计规范》JGJ 50—2001	《无障碍设计规范》GB 50763—2012	《建筑与市政工程无障碍通用规范》GB 55019—2021
通行净宽	通过一辆轮椅的走道净宽度不宜小于1.20m。通过一辆轮椅和一个行人对行的走道净宽度不宜小于1.50m。通过两辆轮椅的走道净宽度不宜小于1.80m	1.大型公共建筑走道，≥1.80m； 2.中小型公共建筑走道，≥1.50m； 3.检票口、结算口轮椅通道，≥0.90m； 4.居住建筑走廊，≥1.20m； 5.建筑基地人行通路，≥1.50m	1.室内走道不应小于1.20m，人流较多或较集中的大型公共建筑的室内走道宽度不宜小于1.80m； 2.室外通道不宜小于1.50m； 3.检票口、结算口轮椅通道不应小于900mm	无障碍通道的通行净宽不应小于1.20m，人员密集的公共场所的通行净宽不应小于1.80m。 各类检票口、结算口等应设轮椅通道，通行净宽不应小于900mm
照明	未规定	走道内不得设置障碍物，光照度不应小于120 lx	未规定	未规定
转角	走道转弯处的阳角，宜为圆弧墙面或切角墙面	走道转弯处的阳角应为弧墙面或切角墙	未规定	未规定
护墙	走道两侧墙面的下部，应设高0.35m的护墙板	走道两侧墙面应设高0.35m护墙板	未规定	未规定
扶手	走道两侧的墙面，应在0.90m高度处设扶手	走道两侧应设扶手	未规定	未规定
凹室	未规定	门扇向走道开启时应设凹室，凹室面积不应小于1.30m×0.90m	未规定	未规定
地面	未规定	人行通路和室内地面应平整、不光滑、不松动、不积水。	无障碍通道应连续，其地面应平整、防滑、反光小或无反	无障碍通行设施的地面应坚固、平整、防滑、不积水

续表

对比内容	《方便残疾人使用的城市道路和建筑物设计规范》JGJ 50—88	《城市道路和建筑物无障碍设计规范》JGJ 50—2001	《无障碍设计规范》GB 50763—2012	《建筑与市政工程无障碍通用规范》GB 55019—2021
地面		使用不同材料铺装的地面应相互取平；如有高差时不应大于15mm，并应以斜面过渡。走道及室内地面应平整，并应选用遇水不滑的地面材料	光，并不宜设置厚地毯	
孔洞宽度	未规定	人行通路和建筑入口的雨水箅子不得高出地面，其孔洞不得大于15mm×15mm	室外通道上的雨水箅子的孔洞宽度不应大于15mm	无障碍通道上有井盖、箅子时，井盖、箅子孔洞的宽度或直径不应大于13mm，条状孔洞应垂直于通行方向
障碍物	走道两侧不得设置突出墙面影响通行的障碍物	墙面伸入走道的突出物不应大于0.10m，距地面高度应小于0.60m	固定在无障碍通道的墙、立柱上的物体或标牌距地面的高度不应小于2.00m；如小于2.00m时，探出部分的宽度不应大于100mm；如突出部分大于100mm，则其距地面的高度应小于600mm	无障碍通行流线上的标识物、垃圾桶、座椅、灯柱、隔离墩、地灯和地面布线（线槽）等设施均不应妨碍行动障碍者的独立通行。固定在无障碍通道、轮椅坡道、楼梯的墙或柱面上的物体，突出部分大于100mm且底面距地面高度小于2.00m时，其底面距地面高度不应大于600mm，且应保证有效通行净宽

设施二 轮椅坡道

轮椅坡道标准要求见表3–2。

表3–2 轮椅坡道标准要求

<table>
<tr><th>对比内容</th><th>《方便残疾人使用的城市道路和建筑物设计规范》JGJ 50—88</th><th>《城市道路和建筑物无障碍设计规范》JGJ 50—2001</th><th>《无障碍设计规范》GB 50763—2012</th><th>《建筑与市政工程无障碍通用规范》GB 55019—2021</th></tr>
<tr><td>类型</td><td>未规定</td><td>供轮椅通行的坡道应设计成直线型、直角型或折返型，不宜设计弧型</td><td>轮椅坡道宜设计成直线形、直角形或折返形</td><td>未规定</td></tr>
<tr><td>坡道宽度</td><td>坡道的宽度不应小于0.90m</td><td>1.有台阶的建筑入口，≥1.20m；
2.只设坡道的建筑入口，≥1.50m；
3.室内走道，≥1.00m；
4.室外通路，≥1.50m；
5.困难地段，≥1.20m</td><td>轮椅坡道的净宽度不应小于1.00m，无障碍出入口的轮椅坡道净宽度不应小于1.20m</td><td>轮椅坡道的通行净宽不应小于1.20m</td></tr>
<tr><td>坡道坡度</td><td><table><tr><td>坡道坡度（高/长）</td><td>1/8*</td><td>1/10*</td><td>1/12</td></tr><tr><td>每段坡道允许高度/m</td><td>0.35</td><td>0.60</td><td>0.75</td></tr><tr><td>每段坡道允许水平长度/m</td><td>2.80</td><td>6.00</td><td>9.00</td></tr></table>注：加*者只适用于受场地限制的改建、扩建的建筑物</td><td><table><tr><td>有台阶的建筑入口</td><td>1∶12</td></tr><tr><td>只设坡道的建筑入口</td><td>1∶20</td></tr><tr><td>室内走道</td><td>1∶12</td></tr><tr><td>室外通路</td><td>1∶20</td></tr><tr><td>困难地段</td><td>1∶10~1∶8</td></tr></table>1∶10~1∶8坡道应只限用于受场地限制改建的建筑物和室外通路</td><td><table><tr><td>坡度</td><td>1∶20</td><td>1∶16</td><td>1∶12</td><td>1∶10</td><td>1∶8</td></tr><tr><td>最大高度/m</td><td>1.20</td><td>0.90</td><td>0.75</td><td>0.60</td><td>0.30</td></tr><tr><td>水平长度/m</td><td>24.00</td><td>14.40</td><td>9.00</td><td>6.00</td><td>2.40</td></tr></table>注：其他坡度可用插入法进行计算</td><td>横向坡度不应大于1∶50，纵向坡度不应大于1∶12，当条件受限且坡段起止点的高差不大于150mm时，纵向坡度不应大于1∶10</td></tr>
<tr><td>休息平台</td><td>在坡道的起点及终点，应留有深度不小于1.50m的轮椅缓冲地带；</td><td>坡道起点、终点和中间休息平台的水平长度不应小于1.50m</td><td>轮椅坡道起点、终点和中间休息平台的水平长度不应小于1.50m</td><td>轮椅坡道的起点、终点和休息平台</td></tr>
</table>

续表

对比内容	《方便残疾人使用的城市道路和建筑物设计规范》JGJ 50—88	《城市道路和建筑物无障碍设计规范》JGJ 50—2001	《无障碍设计规范》GB 50763—2012	《建筑与市政工程无障碍通用规范》GB 55019—2021
休息平台	坡道转弯时应设休息平台，休息平台的深度不应小于1.50m；每段坡道的高度和水平长度超过允许高度和水平长度时，应在坡道中间设休息平台，休息平台的深度不应小于1.20m			的通行净宽不应小于坡道的通行净宽，水平长度不应小于1.50m，门扇开启和物体不应占用此范围空间
安全阻挡措施	坡道侧面凌空时，在栏杆下端宜设高度不小于50mm的安全挡台	坡道侧面凌空时，在扶手栏杆下端宜设高不小于50mm的坡道安全挡台	轮椅坡道临空侧应设置安全阻挡措施	设置扶手的轮椅坡道的临空侧应采取安全阻挡措施
坡道扶手	坡道两侧应在0.90m高度处设扶手，两段坡道之间的扶手应保持连贯。坡道起点及终点处的扶手，应水平延伸0.30m以上	坡道两侧应设扶手，坡道与休息平台的扶手应保持连贯	轮椅坡道的高度超过300mm且坡度大于1∶20时，应在两侧设置扶手，坡道与休息平台的扶手应保持连贯	轮椅坡道的高度大于300mm且纵向坡度大于1∶20时，应在两侧设置扶手，坡道与休息平台的扶手应保持连贯

设施三　无障碍出入口

无障碍出入口标准要求见表3-3。

表3-3　无障碍出入口标准要求

对比内容	《方便残疾人使用的城市道路和建筑物设计规范》JGJ 50—88	《城市道路和建筑物无障碍设计规范》JGJ 50—2001	《无障碍设计规范》GB 50763—2012	《建筑与市政工程无障碍通用规范》GB 55019—2021
类型	未规定	建筑入口为无障碍入口时，入口室外的地面坡度不应大于1∶50。公共建筑与高层、中高层居住建筑入口设台阶时，必须设轮椅坡道和扶手	1.平坡出入口； 2.同时设置台阶和轮椅坡道的出入口； 3.同时设置台阶和升降平台的出入口	1.地面坡度不大于1∶20的平坡出入口； 2.同时设置台阶和轮椅坡道的出入口； 3.同时设置台阶和升降平台的出入口
雨蓬	未规定	无障碍入口和轮椅通行平台应设雨棚	建筑物无障碍出入口的上方应设置雨棚	无障碍出入口的上方应设置雨篷
平台最小宽度	出入口的内外，应留有不小于1.50m×1.50m平坦的轮椅回转面积	1.大、中型公共建筑，≥2.0m； 2.小型公共建筑，≥1.5m； 3.中、高层建筑、公寓建筑，≥2.0m； 4.多、低层无障碍住宅、公寓建筑，≥1.5m； 5.无障碍宿舍建筑，≥1.5m	除平坡出入口外，在门完全开启的状态下，建筑物无障碍出入口的平台的净深度不应小于1.50m	除平坡出入口外，无障碍出入口的门前应设置平台；在门完全开启的状态下，平台的净深度不应小于1.50m
地面	未规定	未规定	出入口的地面应平整、防滑	无障碍通行设施的地面应坚固、平整、防滑、不积水
门扇间距	出入口设有两道门时，门扇开启后应留有不小于1.20m的轮椅通行净距	1.大、中型公共建筑，≥1.5m； 2.小型公共建筑，≥1.2m； 3.中、高层建筑、公共建筑，≥1.5m； 4.多、低层无障碍住宅建筑，≥1.2m	建筑物无障碍出入口的门厅、过厅如设置两道门，门扇同时开启时两道门的间距不应小于1.50m	未规定

设施四　无障碍门

无障碍门标准要求见表3–4。

表3–4　无障碍门标准要求

对比内容	《方便残疾人使用的城市道路和建筑物设计规范》JGJ 50—88	《城市道路和建筑物无障碍设计规范》JGJ 50—2001	《无障碍设计规范》GB 50763—2012	《建筑与市政工程无障碍通用规范》GB 55019—2021
类型选择	供残疾人通行的门不得采用旋转门，不宜采用弹簧门	1.应采用自动门，也可采用推拉门、折叠门或平开门，不应采用力度大的弹簧门； 2.在旋转门一侧应加设残疾人使用的门	不应采用力度大的弹簧门并不宜采用弹簧门、玻璃门；当采用玻璃门时，应有醒目的提示标志	在无障碍通道上不应使用旋转门
开启净宽	门扇开启的净宽不得小于0.80m	1.自动门，≥1.00； 2.推拉门、折叠门，≥0.80； 3.平开门，≥0.80； 4.弹簧门（小力度），≥0.80	自动门开启后通行净宽度不应小于1.00m；平开门、推拉门、折叠门开启后的通行净宽度不应小于800mm，有条件时，不宜小于900mm	新建和扩建建筑的门开启后的通行净宽不应小于900mm，既有建筑改造或改建的门开启后的通行净宽不应小于800mm；自动门开启后的通行净宽不应小于1.00m
回转空间	未规定	未规定	在门扇内外应留有直径不小于1.50m的轮椅回转空间	未规定
墙面宽度	未规定	乘轮椅者开启的推拉门和平开门，在门把手一侧的墙面应留有不小于0.5m的墙面宽度	在单扇平开门、推拉门、折叠门的门把手一侧的墙面，应设宽度不小于400mm的墙面	未规定
门板颜色	未规定	未规定	宜与周围墙面有一定的色彩反差，方便识别	满足无障碍要求的门应可以被清晰辨认，并应保证方便开关和安全通过

续表

对比内容	《方便残疾人使用的城市道路和建筑物设计规范》JGJ 50—88	《城市道路和建筑物无障碍设计规范》JGJ 50—2001	《无障碍设计规范》GB 50763—2012	《建筑与市政工程无障碍通用规范》GB 55019—2021
门槛	未规定	门槛高度及门内外地面高差不应大于15mm，并应以斜面过渡	门槛高度及门内外地面高差不应大于15mm，并以斜面过渡	满足无障碍要求的门不应设挡块和门槛，门口有高差时，高度不应大于15mm，并应以斜面过渡，斜面的纵向坡度不应大于1∶10
护门板	未规定	乘轮椅者开启的门扇，应安装视线观察玻璃、横执把手和关门拉手，在门扇的下方应安装高0.35m的护门板	宜在距地350mm范围内安装护门板	未规定
开启力	未规定	未规定	未规定	除防火门外，门开启所需的力度不应大于25N
开启时间	未规定	未规定	未规定	满足无障碍要求的安装有闭门器的门，从闭门器最大受控角度到完全关闭前10° 的闭门时间不应小于3s
观察窗	未规定	未规定	宜设视线观察玻璃	满足无障碍要求的双向开启的门应在可视高度部分安装观察窗，通视部分的下沿距地面高度不应大于850mm
防撞提示	未规定	未规定	未规定	防撞提示应横跨玻璃门或隔断，距地面高度应为0.85~1.50m
操作部件	门扇及五金等配件应考虑便于残疾人开关	门扇在一只手操纵下应易于开启	平开门、推拉门、折叠门的门扇应设距地900mm的把手	可操作部件的中心距地面高度应为0.85~1.00m
扶手	未规定	未规定	未规定	平开门的门扇外侧和里侧均应设置扶手

设施五　无障碍电梯

无障碍电梯标准要求见表3-5。

表3-5　无障碍电梯标准要求

对比内容		《方便残疾人使用的城市道路和建筑物设计规范》JGJ 50—88	《城市道路和建筑物无障碍设计规范》JGJ 50—2001	《无障碍设计规范》GB 50763—2012	《建筑与市政工程无障碍通用规范》GB 55019—2021
设置要求		未规定	在公共建筑中配备电梯时，必须设无障碍电梯	未规定	公共建筑内设有电梯时，至少应设置1部无障碍电梯
候梯厅	尺寸	电梯候梯厅的面积不应小于1.50m×1.50m	候梯厅深度大于或等于1.80m	候梯厅深度不宜小于1.50m，公共建筑及设置病床梯的候梯厅深度不宜小于1.80m	电梯门前应设直径不小于1.50m的轮椅回转空间，公共建筑的候梯厅深度不应小于1.80m
	按钮	未规定	高度为0.90~1.10m	呼叫按钮高度为0.90~1.10m	呼叫按钮的中心距地面高度应为0.85~1.10m，且距内转角处侧墙距离不应小于400mm，按钮应设置盲文标志
	显示	未规定	清晰显示轿厢上、下运行方向和层数位置及电梯抵达音响	候梯厅应设电梯运行显示装置和抵达音响	应设置电梯运行显示装置和抵达音响
	盲道	未规定	电梯口应设提示盲道	电梯出入口处宜设提示盲道	呼叫按钮前应设置提示盲道
	标识	未规定	每层电梯口应安装楼层标志	电梯位置应设无障碍标志	未规定
轿厢规格		电梯轿厢面积不得小于1.40m×1.10m	1.轿厢深度大于或等于1.40m； 2.轿厢宽度大于或等于1.10m	轿厢的规格应依据建筑性质和使用要求的不同而选用。最小规格为深度不应小于	无障碍电梯的轿厢的规格应依据建筑类型和使用要求选用。满足乘轮椅者使用的最小轿厢规格，深度不应小于1.40m，宽度不

续表

对比内容		《方便残疾人使用的城市道路和建筑物设计规范》JGJ 50—88	《城市道路和建筑物无障碍设计规范》JGJ 50—2001	《无障碍设计规范》GB 50763—2012	《建筑与市政工程无障碍通用规范》GB 55019—2021
轿厢规格				1.40m，宽度不应小于1.10m；中型规格为深度不应小于1.60m，宽度不应小于1.40m；医疗建筑与老人建筑宜选用病床专用电梯	应小于1.10m。同时满足乘轮椅者使用和容纳担架的轿厢，如采用宽轿厢，深度不应小于1.50m，宽度不应小于1.60m；如采用深轿厢，深度不应小于2.10m，宽度不应小于1.10m
电梯门	形式	未规定	未规定	未规定	水平滑动式门
	开启净宽	电梯门开启后的净宽不得小于0.80m	开启净宽度大于或等于0.80m	轿厢门开启的净宽度不应小于800mm	新建和扩建建筑的电梯门开启后的通行净宽不应小于900mm，既有建筑改造或改建的电梯门开启后的通行净宽不应小于800mm
	开启时间	未规定	未规定	未规定	完全开启时间应保持不小于3s
轿厢内部配置		肢体残疾及视力残疾者自行操作的电梯，应采用残疾人使用的标准电梯	轿厢正面和侧面应设高0.80~0.85m的扶手。轿厢侧面应设高0.90~1.10m带盲文的选层按钮。轿厢正面高0.90m处至顶部应安装镜子。轿厢上，下运行及到达应有清晰显示和报层音响	在轿厢的侧壁上应设高0.90~1.10m带盲文的选层按钮，盲文宜设置于按钮旁；轿厢的三面壁上应设高850~900mm扶手；轿厢内应设电梯运行显示装置和报层音响；轿厢正面高900mm处至顶部应安装镜子或采用有镜面效果的材料	轿厢内部设施应满足无障碍要求

设施六　无障碍升降平台

无障碍升降平台标准要求见表3-6。

表3-6　无障碍升降平台标准要求

对比内容	《方便残疾人使用的城市道路和建筑物设计规范》JGJ 50—88	《城市道路和建筑物无障碍设计规范》JGJ 50—2001	《无障碍设计规范》GB 50763—2012	《建筑与市政工程无障碍通用规范》GB 55019—2021
设置要求	未规定	未规定	升降平台只适用于场地有限的改造工程	未规定
尺寸	未规定	升降平台的面积不应小于1.20m×0.90m	垂直升降平台的深度不应小于1.20m，宽度不应小于900mm。斜向升降平台宽度不应小于900mm，深度不应小于1.00m	深度不应小于1.20m，宽度不应小于900mm
基坑	未规定	未规定	垂直升降平台的基坑应采用防止误入的安全防护措施	应采用防止误入的安全防护措施
传送装置	未规定	未规定	垂直升降平台的传送装置应有可靠的安全防护装置	传送装置应设置可靠的安全防护装置
平台配置	未规定	应设扶手或挡板及启动按钮	应设扶手、挡板及呼叫控制按钮	应设扶手、安全挡板和呼叫控制按钮，呼叫控制按钮

设施七　楼梯和台阶

楼梯和台阶标准要求见表3-7。

表3-7　楼梯和台阶标准要求

对比内容	《方便残疾人使用的城市道路和建筑物设计规范》JGJ 50—88	《城市道路和建筑物无障碍设计规范》JGJ 50—2001	《无障碍设计规范》GB 50763—2012	《建筑与市政工程无障碍通用规范》GB 55019—2021
类型选择	不宜采用弧形楼梯	应采用有休息平台的直线形梯段和台阶，不应采用无休息平台的楼梯和弧形楼梯	宜采用直线形楼梯	未规定
扶手	梯段两侧应在0.90m高度处设扶手，扶手宜保持连贯。楼梯起点及终点处的扶手，应水平延伸0.30m以上。台阶超过三级时，在台阶两侧应设扶手	1.楼梯两侧应设扶手； 2.从三级台阶起应设扶手	宜在两侧均做扶手，三级及三级以上的台阶应在两侧设置扶手	行动障碍者和视觉障碍者主要使用的三级及三级以上的台阶和楼梯应在两侧设置扶手
梯段宽度	梯段的净宽不宜小于1.20m	1.公共建筑梯段宽度不应小于1.50m； 2.居住建筑梯段宽度不应小于1.20m	未规定	未规定
安全阻挡	踏步面的两侧或一侧凌空为明步时，应防止拐杖滑出	明步踏面应设高不小于50mm的安全挡台	如采用栏杆式楼梯，在栏杆下方宜设置安全阻挡措施	未规定
盲道设置	未规定	距踏步起点与终点25~30cm应设提示盲道	距踏步起点和终点250~300mm宜设提示盲道	距踏步起点和终点250~300mm处应设置提示盲道，提示盲道的长度应与梯段的宽度相对应

续表

<table>
<tr><th>对比内容</th><th>《方便残疾人使用的城市道路和建筑物设计规范》JGJ 50—88</th><th>《城市道路和建筑物无障碍设计规范》JGJ 50—2001</th><th>《无障碍设计规范》GB 50763—2012</th><th>《建筑与市政工程无障碍通用规范》GB 55019—2021</th></tr>
<tr><td>踏面</td><td>未规定</td><td>应平整而不应光滑</td><td>踏面应平整防滑或在踏面前缘设防滑条</td><td>踏步防滑条、警示条等附着物均不应突出踏面</td></tr>
<tr><td>踏步形式</td><td>不宜采用无踢面的踏步和突缘为直角形的踏步</td><td>不应采用无踢面和突缘为直角形踏步</td><td>不应采用无踢面和直角形突缘的踏步</td><td>不应采用无踢面和直角形突缘的踏步</td></tr>
<tr><td>颜色</td><td>未规定</td><td>踏面和踢面的颜色应有区分和对比</td><td>踏面和踢面的颜色宜有区分和对比。楼梯、台阶上行及下行的第一阶宜在颜色或材质上与平台有明显区别</td><td>上行和下行的第一阶踏步应在颜色或材质上与平台有明显区别</td></tr>
<tr><td>踏步尺寸</td><td>未规定</td><td><table><tr><th>类别</th><th>最小宽度/m</th><th>最大高度/m</th></tr><tr><td>公共建筑</td><td>0.28</td><td>0.15</td></tr><tr><td>住宅、公寓</td><td>0.26</td><td>0.16</td></tr><tr><td>幼儿园</td><td>0.26</td><td>0.14</td></tr><tr><td>室外台阶</td><td>0.30</td><td>0.14</td></tr></table></td><td>公共建筑楼梯的踏步宽度不应小于280mm，踏步高度不应大于160mm；公共建筑的室内外台阶踏步宽度不宜小于300mm，踏步高度不宜大于150mm，并不应小于100mm</td><td>未规定</td></tr>
</table>

设施八　扶手

扶手标准要求见表3–8。

表3–8　扶手标准要求

对比内容	《方便残疾人使用的城市道路和建筑物设计规范》JGJ 50—88	《城市道路和建筑物无障碍设计规范》JGJ 50—2001	《无障碍设计规范》GB 50763—2012	《建筑与市政工程无障碍通用规范》GB 55019—2021
安装高度	坡道、走道、楼梯为残疾人设上下两层扶手时，上层扶手高度为0.90m，下层扶手高度为0.65m	坡道、台阶及楼梯两侧应设高0.85m的扶手；设两层扶手时，下层扶手高度应为0.65m	无障碍单层扶手的高度应为850~900mm，无障碍双层扶手的上层扶手高度应为850~900mm，下层扶手高度应为650~700mm	满足无障碍要求的单层扶手的高度应为850~900mm；设置双层扶手时，上层扶手高度应为850~900mm，下层扶手高度应为650~700mm
安装要求	扶手应安装坚固，应能承受身体重量	扶手应安装坚固	扶手应安装坚固	扶手应固定且安装牢固
扶手起点和终点	未规定	扶手起点与终点处延伸应大于或等于0.30m	扶手应保持连贯，靠墙面的扶手的起点和终点处应水平延伸不小于300mm的长度	行动障碍者和视觉障碍者主要使用的楼梯和台阶、轮椅坡道的扶手起点和终点处应水平延伸，延伸长度不应小于300mm
扶手形状和尺寸	扶手的形状要易于抓握	形状易于抓握。圆形扶手的直径应为35~45mm，矩形扶手的截面尺寸应为35~45mm	形状易于抓握。圆形扶手的直径应为35~50mm，矩形扶手的截面尺寸应为35~50mm	形状和截面尺寸应易于抓握
材质	未规定	未规定	扶手的材质宜选用防滑、热惰性指标好的材料	未规定
颜色	未规定	未规定		扶手应与背景有明显的颜色或亮度对比

续表

对比内容	《方便残疾人使用的城市道路和建筑物设计规范》JGJ 50—88	《城市道路和建筑物无障碍设计规范》JGJ 50—2001	《无障碍设计规范》GB 50763—2012	《建筑与市政工程无障碍通用规范》GB 55019—2021
扶手托件	未规定	安装在墙面的扶手托件应为L形，扶手和托件的总高度宜为70~80mm	未规定	未规定
扶手内侧距墙距离	未规定	扶手内侧与墙面的距离应为40~50mm	扶手内侧与墙面的距离不应小于40mm	截面的内侧边缘与墙面的净距离不应小于40mm
扶手末端	未规定	扶手末端应向内拐到墙面，或向下延伸0.10m。栏杆式扶手应向下成弧形或延伸到地面上固定	扶手末端应向内拐到墙面或向下延伸不小于100mm，栏杆式扶手应向下成弧形或延伸到地面上固定	扶手末端应向墙面或向下延伸，延伸长度不应小于100mm
盲文牌	未规定	交通建筑、医疗建筑和政府接待部门等公共建筑，在扶手的起点与终点应设盲文说明牌	未规定	未规定

设施九　无障碍机动车停车位和上/落客区

无障碍机动车停车位和上/落客区标准要求见表3-9。

表3-9　无障碍机动车停车位和上/落客区标准要求

对比内容	《方便残疾人使用的城市道路和建筑物设计规范》JGJ 50—88	《城市道路和建筑物无障碍设计规范》JGJ 50—2001	《无障碍设计规范》GB 50763—2012	《建筑与市政工程无障碍通用规范》GB 55019—2021
设置位置	残疾人停放机动车车位，应布置在停车场（楼）进出方便地段，并靠近人行通路	距建筑入口及车库最近的停车位置，应划为残疾人专用停车车位	应将通行方便、行走距离路线最短的停车位设为无障碍机动车停车位	应将通行方便、路线短的停车位设为无障碍机动车停车位
设置数量	未规定	未规定	城市广场、公园绿地的公共停车场的停车数在50辆以下时，应设置不少于1个无障碍机动车停车位，100辆以下时，应设置不少于2个无障碍机动车停车位，100辆以上时，应设置不少于总停车数2%的无障碍机动车停车位。居住区停车场和车库的总停车位应设置不少于0.5%的无障碍机动车停车位；若设有多个停车场和车库，宜每处设置不少于1个无障碍机动车停车位；建筑基地内总停车数在100辆以下时，应设置不少于1个无障碍机动车停车位，100辆以上时，应设置不少于总停车数1%的无障碍机动车停车位。特级、甲级场馆基地内应设置不少于停车数量的2%，且不少于2个无障碍机动车停车位，乙级、丙级场馆基地内应设置不少于2个无障碍机动车停车位	总停车数在100辆以下时，应至少设置1个无障碍机动车停车位，100辆以上时，应设置不少于总停车数1%的无障碍机动车停车位；城市广场、公共绿地、城市道路等场所的停车位应设置不少于总停车数2%的无障碍机动车停车位

续表

对比内容	《方便残疾人使用的城市道路和建筑物设计规范》JGJ 50—88	《城市道路和建筑物无障碍设计规范》JGJ 50—2001	《无障碍设计规范》GB 50763—2012	《建筑与市政工程无障碍通用规范》GB 55019—2021
轮椅通道	残疾人停放车位的一侧，与相邻车位之间，应留有轮椅通道，其宽度不应小于1.50m。如设两个残疾人停车车位，则可共用一个轮椅通道	停车车位的一侧，应设宽度不小于1.20m的轮椅通道，应使乘轮椅者从轮椅通道直接进入人行通道到达建筑入口。停车车位一侧的轮椅通道与人行通道地面有高差时，应设宽1.00m的轮椅坡道	无障碍机动车停车位一侧，应设宽度不小于1.20m的通道，供乘轮椅者从轮椅通道直接进入人行道和到达无障碍出入口	无障碍机动车停车位一侧，应设宽度不小于1.20m的轮椅通道。轮椅通道与其所服务的停车位不应有高差，和人行通道有高差处应设置缘石坡道，且应与无障碍通道衔接
地面	无规定	残疾人停车车位的地面应平整、坚固和不积水，地面坡度不应大于1∶50	无障碍机动车停车位的地面应平整、防滑、不积水，地面坡度不应大于1∶50	无障碍机动车停车位的地面坡度不应大于1∶50
标志	残疾人停车的车位，应有明显指示标志	停车车位的地面应涂有停车线、轮椅线和无障碍标志，在停车车位的尽端宜设无障碍志牌	无障碍机动车停车位的地面应涂有停车线、轮椅通道线和无障碍标志	无障碍机动车停车位的地面应设置停车线、轮椅通道线和无障碍标志，并应设置引导标识
上落客区	未规定	未规定	未规定	无障碍小汽（客）车上客和落客区的尺寸不应小于2.40m×7.00m，和人行通道有高差处应设置缘石坡道，且应与无障碍通道衔接

设施十　缘石坡道

缘石坡道标准要求见表3–10。

表3–10　缘石坡道标准要求

对比内容	《方便残疾人使用的城市道路和建筑物设计规范》JGJ 50—88	《城市道路和建筑物无障碍设计规范》JGJ 50—2001	《无障碍设计规范》GB 50763—2012	《建筑与市政工程无障碍通用规范》GB 55019—2021
设置要求	道路交叉路口、人行横道、街坊路口及被缘石隔断的人行道均应设缘石坡道；重要公共建筑及残疾人使用频繁的建筑物出入口附近应设缘石坡道；缘石坡道宜位于路口或人行横道线内的相对位置上。街坊路口处的缘石坡道可设在缘石转角处	人行道在交叉路口、街坊路口、单位入口、广场入口、人行横道及桥梁、隧道、立体交叉等路口应设缘石坡道。人行道的各种路口必须设缘石坡道	人行道在各种路口、各种出入口位置必须设置缘石坡道；人行横道两端必须设置缘石坡道	各种路口、出入口和人行横道处，有高差时应设置缘石坡道
坡面	缘石坡道的表面材料宜平整、粗糙；冰冻地区应考虑防滑	缘石坡道的坡面应平整，且不应光滑	缘石坡道的坡面应平整、防滑	无障碍通行设施的地面应坚固、平整、防滑、不积水
坡度	全宽式单面坡缘石坡道的坡度不应大于1∶20；三面坡缘石坡道正面及侧面的坡度不应大于1∶12；其他形式的缘石坡道的坡度均不应大于1∶12			
坡口高差	正面坡中的缘石外露高度不得大于20mm	缘石坡道下口高出车行道的地面不得大于20mm	缘石坡道的坡口与车行道之间宜没有高差；当有高差时，高出车行道的地面不应大于10mm	缘石坡道的坡口与车行道之间应无高差
坡口宽度	坡面的宽度不得小于1.20m	扇形单面坡缘石坡道下口宽度不应小于1.50m；设在道路转	1.全宽式单面坡缘石坡道的宽度应与人行道宽度相同；	全宽式单面坡缘石坡道的宽度应与人行道宽度相同；三面坡缘石坡道

续表

对比内容	《方便残疾人使用的城市道路和建筑物设计规范》JGJ 50—88	《城市道路和建筑物无障碍设计规范》JGJ 50—2001	《无障碍设计规范》GB 50763—2012	《建筑与市政工程无障碍通用规范》GB 55019—2021
坡口宽度		角处单面坡缘石坡道上口宽度不宜小于2.00m；三面坡缘石坡道的正面坡道宽度不应小于1.2m	2.三面坡缘石坡道的正面坡道宽度不应小于1.20m； 3.其他形式的缘石坡道的坡口宽度均不应小于1.50m	的正面坡道宽度不应小于1.20m；其他形式的缘石坡道的坡口宽度均不应小于1.50m
过渡空间	未规定	未规定	未规定	缘石坡道顶端处应留有过渡空间，过渡空间的宽度不应小于900mm
提示盲道	未规定	未规定	未规定	缘石坡道距坡道下口路缘石250~300mm处应设置提示盲道，提示盲道的长度应与缘石坡道的宽度相对应
其他	缘石应有半径不小于0.50m的转角	未规定	未规定	缘石坡道上下坡处不应设置雨水箅子。设置阻车桩时，阻车桩的净间距不应小于900mm

设施十一　盲道

盲道标准要求见表3-11。

表3-11　盲道标准要求

对比内容	《方便残疾人使用的城市道路和建筑物设计规范》JGJ 50—88	《城市道路和建筑物无障碍设计规范》JGJ 50—2001	《无障碍设计规范》GB 50763—2012	《建筑与市政工程无障碍通用规范》GB 55019—2021
设置位置	商业街和重要公共设施附近的人行道应设为视力残疾人引路的触感块材	政府机关与主要公共建筑的人行通道应设盲道；在建筑入口、服务台、楼梯、电梯、公共厕所或专用厕所、火车与地铁站台等无障碍设施的位置应设提示盲道	未规定	未规定
行进盲道	人行道铺装到建筑物时，应在其中部方向连续设置导向块材；公共汽车停车站，距缘石0.30m或隔一块人行道方砖铺装导向块材	人行道外侧有围墙、花台或绿地带，行进盲道宜设在距围墙、花台、绿地带0.25~0.50m处；人行道没有树池，行进盲道距立缘石不应小于0.50m；行进盲道的宽度宜为0.30~0.60m，可根据道路宽度选择低限或高限；人行道成弧线形路线时，行进盲道宜与人行道走向一致	行进盲道应与人行道的走向一致；行进盲道的宽度宜为250~ 500mm；行进盲道宜在距围墙、花台、绿化带250~500mm处设置；行进盲道宜在距树池边缘250~500mm处设置；如无树池，行进盲道与路缘石上沿在同一水平面时，距路缘石不应小于500mm，行进盲道比路缘石上沿低时，距路缘石不应小于250mm	未规定

续表

对比内容	《方便残疾人使用的城市道路和建筑物设计规范》JGJ 50—88	《城市道路和建筑物无障碍设计规范》JGJ 50—2001	《无障碍设计规范》GB 50763—2012	《建筑与市政工程无障碍通用规范》GB 55019—2021
提示盲道	人行横道处的触感块材距缘石0.30m或隔一块人行道砖铺装停步块材。铺装宽度不得小于0.60m。临时站牌设停步块材。停步块材与导向块材成垂直向铺装。铺装宽度不得小于0.60m	行进盲道的起点和终点处应设提示盲道，其长度应大于行进盲道的宽度；行进盲道在转弯处应设提示盲道，其长度应大于行进盲道的宽度；人行道中有台阶、坡道和障碍物等，在相距0.25~0.50m处，应设提示盲道；距人行横道入口、广场入口、地下铁道入口等0.25~0.50m处应设提示盲道，提示盲道长度与各入口的宽度应相对应；提示盲道的宽度宜为0.30~0.60m	行进盲道在起点、终点、转弯处及其他有需要处应设提示盲道，当盲道的宽度不大于300mm时，提示盲道的宽度应大于行进盲道的宽度	需要安全警示和提示处应设置提示盲道，其长度应与需安全警示和提示的范围相对应。行进盲道的起点、终点、转弯处，应设置提示盲道，其宽度不应小于300mm，且不应小于行进盲道的宽度
触感规格	未规定	触感纹路凸起高度5mm，盲道表面触感部分以下的厚度应与人行道砖一致	盲道的纹路应凸出路面4mm高	未规定
盲道颜色	块材表面宜为深黄色	盲道的颜色宜为中黄色	盲道的颜色宜与相邻的人行道铺面的颜色形成对比，并与周围景观相协调，宜采用中黄色	盲道应与相邻人行道铺面的颜色或材质形成差异
盲道性能	未规定	未规定	盲道型材表面应防滑	未规定

设施十二　公共卫生间（厕所）

公共卫生间（厕所）标准要求见表3-12。

表3-12　公共卫生间（厕所）标准要求

对比内容	《方便残疾人使用的城市道路和建筑物设计规范》JGJ 50—88	《城市道路和建筑物无障碍设计规范》JGJ 50—2001	《无障碍设计规范》GB 50763—2012	《建筑与市政工程无障碍通用规范》GB 55019—2021
入口和通道	厕所内应留有1.50m×1.50m轮椅回转面积	参照无障碍出入口相关规定	厕所的入口和通道应方便乘轮椅者进入和进行回转，回转直径不小于1.50m	内部应留有直径不小于1.50m的轮椅回转空间
门	未规定	参照门相关规定	门应方便开启，通行净宽度不应小于800mm	未规定
男厕	男厕所应设残疾人小便器	未规定	男厕所的无障碍设施包括至少1个无障碍厕位、1个无障碍小便器和1个无障碍洗手盆	男卫生间（厕所）应设置无障碍厕位、无障碍小便器和无障碍洗手盆
女厕	未规定	未规定	女厕所的无障碍设施包括至少1个无障碍厕位和1个无障碍洗手盆	女卫生间（厕所）应设置无障碍厕位和无障碍洗手盆

设施十三　无障碍厕所

无障碍厕所标准要求见表3-13。

表3-13　无障碍厕所标准要求

对比内容	《方便残疾人使用的城市道路和建筑物设计规范》JGJ 50—88	《城市道路和建筑物无障碍设计规范》JGJ 50—2001	《无障碍设计规范》GB 50763—2012	《建筑与市政工程无障碍通用规范》GB 55019—2021
设置位置	未规定	政府机关和大型公共建筑及城市的主要地段，应设无障碍专用厕所	位置宜靠近公共厕所	位置应靠近公共卫生间（厕所）
面积	未规定	≥2.00m×2.00m	面积不应小于4.00m^2	面积不应小于4.00m^2
回转空间	男女兼用式厕所门向外开时，厕所内的轮椅面积不应小于1.20m×0.80m；该厕所门向内开时，厕所内应留有不小于1.50m×1.50m轮椅回转面积	未规定	应方便乘轮椅者进入和进行回转，回转直径不小于1.50m	内部应留有直径不小于1.50m的轮椅回转空间
内部配置	男女兼用式厕所应设洗手盆及安全抓杆	未规定	内部应设坐便器、洗手盆、多功能台、挂衣钩和呼叫按钮	内部应设置无障碍坐便器、无障碍洗手盆、多功能台、低位挂衣钩和救助呼叫装置
多功能台	未规定	放物台长、宽、高为0.80m×0.50m×0.60m，台面宜采用木制品或革制品	多功能台长度不宜小于700mm，宽度不宜小于400mm，高度宜为600mm	未规定
挂衣钩	未规定	可设高1.20m的挂衣钩	挂衣钩距地高度不应大于1.20m	低位挂衣钩、低位毛巾架、低位搁物架距地面高度不应大于1.20m

续表

对比内容	《方便残疾人使用的城市道路和建筑物设计规范》JGJ 50—88	《城市道路和建筑物无障碍设计规范》JGJ 50—2001	《无障碍设计规范》GB 50763—2012	《建筑与市政工程无障碍通用规范》GB 55019—2021
呼叫按钮	未规定	距地面高0.40~0.50m处应设求助呼叫按钮	在坐便器旁的墙面上应设高400~500mm的救助呼叫按钮	未规定
门	未规定	应采用门外可紧急开启的门插销	当采用平开门，门扇宜向外开启，如向内开启，需在开启后留有直径不小于1.50m的轮椅回转空间，门的通行净宽度不应小于800mm，平开门应设高900mm的横扶把手，在门扇里侧应采用门外可紧急开启的门锁	应设置水平滑动式门或向外开启的平开门

设施十四　无障碍厕位

无障碍厕位标准要求见表3–14。

表3–14　无障碍厕位标准要求

对比内容	《方便残疾人使用的城市道路和建筑物设计规范》JGJ 50—88	《城市道路和建筑物无障碍设计规范》JGJ 50—2001	《无障碍设计规范》GB 50763—2012	《建筑与市政工程无障碍通用规范》GB 55019—2021
面积	隔间的门向外开时，隔间内的轮椅面积不应小于1.20m×0.80m	新建无障碍厕位面积不应小于1.80m×1.40m，改建无障碍厕位面积不应小于2.00m×1.00m	无障碍厕位应方便乘轮椅者到达和进出，尺寸宜做到2.00m×1.50m，不应小于1.80m×1.00m	应方便乘轮椅者到达和进出，尺寸不应小于1.80m×1.50m
配置要求	未规定	未规定	厕位内应设坐便器，厕位两侧距地面700mm处应设长度不小于700mm的水平安全抓杆，另一侧应设高1.40m的垂直安全抓杆	应设置无障碍坐便器

设施十五　无障碍坐便器

无障碍坐便器标准要求见表3-15。

表3-15　无障碍坐便器标准要求

对比内容	《方便残疾人使用的城市道路和建筑物设计规范》JGJ 50—88	《城市道路和建筑物无障碍设计规范》JGJ 50—2001	《无障碍设计规范》GB 50763—2012	《建筑与市政工程无障碍通用规范》GB 55019—2021
安全抓杆	在大便器、小便器临近的墙壁上，应安装能身体重量的安全抓杆	两侧应设高0.70m的水平抓杆，在墙面一侧应设高1.40m的垂直抓杆	厕位两侧距地面700mm处应设长度不小于700mm的水平安全抓杆，另一侧应设高1.40m的垂直安全抓杆	无障碍坐便器两侧应设置安全抓杆，轮椅接近坐便器一侧应设置可垂直或水平90°旋转的水平抓杆，另一侧应设置L形抓杆；轮椅接近无障碍坐便器一侧设置的可垂直或水平90°旋转的水平安全抓杆距坐便器的上沿高度应为250~350mm，长度不应小于700mm；无障碍坐便器另一侧设置的L形安全抓杆，其水平部分距坐便器的上沿高度应为250~350mm，水平部分长度不应小于700mm；其竖向部分应设置在坐便器前端150~250mm，竖向部分顶部距地面高度应为1.40~1.60m
冲水装置	未规定	未规定	未规定	坐便器水箱控制装置应位于易于触及的位置，应可自动操作或单手操作
取纸器	未规定	未规定	取纸器应设在坐便器的侧前方，高度为400~500mm	取纸器应设在坐便器的侧前方
呼叫装置	未规定	未规定	在坐便器旁的墙面上应设高400~500mm的救助呼叫按钮	在坐便器附近应设置救助呼叫装置，并应满足坐在坐便器上和跌倒在地面的人均能够使用

设施十六　无障碍小便器

无障碍小便器标准要求见表3-16。

表3-16　无障碍小便器标准要求

对比内容	《方便残疾人使用的城市道路和建筑物设计规范》JGJ 50—88	《城市道路和建筑物无障碍设计规范》JGJ 50—2001	《无障碍设计规范》GB 50763—2012	《建筑与市政工程无障碍通用规范》GB 55019—2021
小便器下口距地面高度	未规定	小便器下口距地面不应大于0.50m	无障碍小便器下口距地面高度不应大于400mm	不应大于400mm
安全抓杆	在大便器、小便器临近的墙壁上，应安装能承受身体重量的安全抓杆	小便器两侧和上方，应设宽度0.60~0.70m、高1.20m的安全抓杆	小便器两侧应在离墙面250mm处，设高度为1.20m的垂直安全抓杆，并在离墙面550mm处，设高度为900mm的水平安全抓杆，与垂直安全抓杆连接	应在小便器两侧设置长度为550mm的水平安全抓杆，距地面高度应为900mm；应在小便器上部设置支撑安全抓杆，距地面高度应为1.20m

设施十七　无障碍洗手盆

无障碍洗手盆标准要求见表3-17。

表3-17　无障碍洗手盆标准要求

对比内容	《方便残疾人使用的城市道路和建筑物设计规范》JGJ 50—88	《城市道路和建筑物无障碍设计规范》JGJ 50—2001	《无障碍设计规范》GB 50763—2012	《建筑与市政工程无障碍通用规范》GB 55019—2021
洗手盆前净空间	未规定	洗手盆前应有1.10m×0.80m供乘轮椅者使用的面积	未规定	未规定
台面高度	未规定	未规定	未规定	台面距地面高度不应大于800mm
水嘴中心距侧墙距离	未规定	未规定	水嘴中心距侧墙应大于550mm	水嘴中心距侧墙不应小于550mm
容膝容脚空间	未规定	未规定	其底部应留出宽750mm、高650mm、深450mm供乘轮椅者膝部和足尖部移动的空间	其下部应留出不小于宽750mm、高650mm、距地面高度250mm范围内进深不小于450mm、其他部分进深不小于250mm的容膝容脚空间
镜子	未规定	未规定	洗手盆上方安装镜子	应在洗手盆上方安装镜子，镜子反光面的底端距地面的高度不应大于1.00m
出水龙头	未规定	未规定	出水龙头宜采用杠杆式水龙头或感应式自动出水方式	出水龙头应采用杠杆式水龙头或感应式自动出水方式
安全抓杆	未规定	距洗手盆两侧和前缘50mm应设安全抓杆	未规定	未规定

设施十八　无障碍淋浴

无障碍淋浴标准要求见表3-18。

表3-18　无障碍淋浴标准要求

对比内容	《方便残疾人使用的城市道路和建筑物设计规范》JGJ 50—88	《城市道路和建筑物无障碍设计规范》JGJ 50—2001	《无障碍设计规范》GB 50763—2012	《建筑与市政工程无障碍通用规范》GB 55019—2021
内部空间	未规定	未规定	未规定	内部空间应方便乘轮椅者进出和使用
净空间	未规定	淋浴间不应小于 $3.50m^2$（门扇向外开启），浴间短边净宽度不应小于1.50m	无障碍淋浴间的短边宽度不应小于1.50m	淋浴间前应设便于乘轮椅者通行和转动的净空间；无障碍淋浴间的短边宽度不应小于1.50m，淋浴间前应设一块不小于1 500mm×800mm的净空间，和淋浴间入口平行的一边的长度不应小于1.50m
门帘	残疾人的浴位与其他部分之间应采用活动帘子或隔断间加以分隔	无障碍浴间应采用门外可紧急开启的门插销	未规定	淋浴间入口应采用活动门帘
淋浴开关高度	未规定	未规定	淋浴间内的淋浴喷头的控制开关的高度距地面不应大于1.20m	控制淋浴的开关距地面高度不应大于1.00m
淋浴器	淋浴宜采用冷热水混合器	未规定	未规定	应设置一个手持的喷头，其支架高度距地面高度不应大于1.20m，淋浴软管长度不应小于1.50m
淋浴间坐台	在淋浴室喷头的下方，应设可移动或墙挂折叠式的安全坐椅	淋浴间应设高0.45m的洗浴坐椅	浴间坐台高度宜为450mm，深度不宜小于450mm	淋浴间坐台应安装牢固，高度应为400~450mm，深度应为400~500mm，宽度应为500~550mm

续表

对比内容	《方便残疾人使用的城市道路和建筑物设计规范》JGJ 50—88	《城市道路和建筑物无障碍设计规范》JGJ 50—2001	《无障碍设计规范》GB 50763—2012	《建筑与市政工程无障碍通用规范》GB 55019—2021
安全抓杆	在浴盆及淋浴临近的墙壁上，应安装安全抓杆	淋浴间应设高0.70m的水平抓杆和高1.40m的垂直抓杆	淋浴间应设距地面高700mm的水平抓杆和高1.40~1.60m的垂直抓杆	应设置L形安全抓杆，其水平部分距地面高度应为700~750mm，长度不应小于700mm，其垂直部分应设置在淋浴间坐台前端，顶部距地面高度应为1.40~1.60m
呼叫按钮	未规定	无障碍浴间距地面高0.40~ 0.50m处应设求助呼叫按钮	未规定	未规定
毛巾架	未规定	未规定	毛巾架的高度不应大于1.20m	低位挂衣钩、低位毛巾架、低位搁物架距地面高度不应大于1.20m

设施十九　无障碍盆浴

无障碍盆浴标准要求见表3-19。

表3-19　无障碍盆浴标准要求

对比内容	《方便残疾人使用的城市道路和建筑物设计规范》JGJ 50—88	《城市道路和建筑物无障碍设计规范》JGJ 50—2001	《无障碍设计规范》GB 50763—2012	《建筑与市政工程无障碍通用规范》GB 55019—2021
盆浴间净空间	未规定	盆浴间不应小于4.50m^2（门扇向外开启）。浴间短边净宽度不应小于2.00m	未规定	浴盆侧面应设不小于1 500mm×800mm的净空间，和浴盆平行的一边的长度不应小于1.50m
洗浴坐台	在浴盆的一端，宜设宽0.30m的洗浴坐台	浴盆一端设深度不小于0.40m的洗浴坐台，浴盆一侧应设洗面盆	在浴盆一端设置方便进入和使用的坐台，其深度不应小于400mm	浴盆距地面高度不应大于450mm；在浴盆一端设置方便进入和使用的坐台
安全抓杆	在浴盆及淋浴临近的墙壁上，应安装安全抓杆	在浴盆内侧应设高0.60m和0.90m的水平抓杆，水平抓杆长度应大于或等于0.80m	浴盆内侧应设高600mm和900mm的两层水平抓杆，水平长度不小于800mm；洗浴坐台一侧的墙上设高900mm、水平长度不小于600mm的安全抓杆	应沿浴盆长边和洗浴坐台旁设置安全抓杆

设施二十　无障碍客房

无障碍客房标准要求见表3-20。

表3-20　无障碍客房标准要求

对比内容	《方便残疾人使用的城市道路和建筑物设计规范》JGJ 50—88	《城市道路和建筑物无障碍设计规范》JGJ 50—2001	《无障碍设计规范》GB 50763—2012	《建筑与市政工程无障碍通用规范》GB 55019—2021
客房位置	残疾人客房及宿舍宜靠近低层部位、安全出入口及公共活动区	应便于到达，疏散和进出方便。餐厅、购物和康乐等设施的公共通道应方便轮椅到达	无障碍客房应设在便于到达、进出和疏散的位置	应设于底层或无障碍电梯可达的楼层，应设在便于到达、疏散和进出的位置，并应与无障碍通道连接
客房数量	未规定	100间以下，应设1~2间无障碍客房。100~400间，应设2~4间无障碍客房。400间以上，应设3间以上无障碍客房	100间以下，应设1~2间无障碍客房；100~400间，应设2~4间无障碍客房；400间以上，应至少设4间无障碍客房	未规定
客房内过道	在乘轮椅者的床位一侧，应留有不小于1.50m×1.50m的轮椅回转面积	出口及床前过道的宽度不应小于1.50m。床间距离不应小于1.20m	房间内应有空间能保证轮椅进行回转，回转直径不小于1.50m。床间距离不应小于1.20m	乘轮椅者上下床用的床侧通道宽度不应小于1.20m
卫生间	未规定	门扇向外开启，净宽不应小于0.80m。轮椅回转直径不应小于1.50m	无障碍客房卫生间内应保证轮椅进行回转，回转直径不小于1.50m，卫生器具应设置安全抓杆	应保证轮椅进出，内部应设轮椅回转空间；内部应设置无障碍坐便器、无障碍洗手盆、无障碍淋浴间或盆浴间、低位挂衣钩、低位毛巾架、低位搁物架和救助呼叫

续表

对比内容	《方便残疾人使用的城市道路和建筑物设计规范》JGJ 50—88	《城市道路和建筑物无障碍设计规范》JGJ 50—2001	《无障碍设计规范》GB 50763—2012	《建筑与市政工程无障碍通用规范》GB 55019—2021
卫生间				装置；应设置水平滑动式门或向外开启的平开门
窗户	未规定	未规定	未规定	窗户可开启扇的执手或启闭开关距地面高度应为0.85~1.00m，手动开关窗户操作所需的力度不应大于25N
家具和电气	客房及宿舍的门窗、家具及电气设施等，应考虑残疾人使用尺度和安全要求	位置和高度应方便乘轮椅者靠近和使用。床、坐便器、浴盆高度应为0.45m。卫生间应设求助呼叫按钮	家具和电器控制开关的位置和高度应方便乘轮椅者靠近和使用，床的使用高度为450mm；客房应设置为听力障碍者服务的闪光提示门铃。客房及卫生间应设高400~500mm的救助呼叫按钮	无障碍客房的门铃应同时满足听觉障碍者、视觉障碍者和言语障碍者使用

设施二十一 无障碍住房

无障碍住房标准要求见表3–21。

表3–21 无障碍住房标准要求

<table>
<tr><th colspan="2">对比内容</th><th>《方便残疾人使用的城市道路和建筑物设计规范》JGJ 50—88</th><th>《城市道路和建筑物无障碍设计规范》JGJ 50—2001</th><th>《无障碍设计规范》GB 50763—2012</th><th>《建筑与市政工程无障碍通用规范》GB 55019—2021</th></tr>
<tr><td colspan="2">设置要求</td><td>未规定</td><td>无障碍住房应适用于乘轮椅残疾人和老年人居住</td><td>未规定</td><td>无障碍住房、居室应设于底层或无障碍电梯可达的楼层，应设在便于到达、疏散和进出的位置，并应与无障碍通道连接</td></tr>
<tr><td colspan="2">空间组成</td><td>未规定</td><td>无障碍住房应按套型设计，每套住房应设起居室（厅）、卧室、厨房和卫生间等基本空间，卫生间宜靠近卧室</td><td>未规定</td><td>无障碍住房、居室内应设置无障碍卫生间。无障碍住房设置厨房时应为无障碍厨房</td></tr>
<tr><td rowspan="2">起居室</td><td>面积</td><td>未规定</td><td>起居室应大于或等于14.00m^2</td><td>起居室面积不应小于14.00m^2</td><td>未规定</td></tr>
<tr><td>收纳柜</td><td>未规定</td><td>橱柜高度，应小于或等于1.20m；深度应小于或等于0.40m</td><td>未规定</td><td>未规定</td></tr>
<tr><td>卧室</td><td>面积</td><td>未规定</td><td>1.单人卧室，应大于或等于7m^2；
2.双人卧室，应大于或等于10.50m^2；
3.兼起居室的卧室，应大于16m^2</td><td>单人卧室面积不应小于7.00m^2，双人卧室面积不应小于10.50m^2，兼作起居室的卧室面积不应小于16.00m^2</td><td>未规定</td></tr>
</table>

续表

对比内容		《方便残疾人使用的城市道路和建筑物设计规范》JGJ 50—88	《城市道路和建筑物无障碍设计规范》JGJ 50—2001	《无障碍设计规范》GB 50763—2012	《建筑与市政工程无障碍通用规范》GB 55019—2021
卧室	衣柜	未规定	橱柜挂衣杆高度，应小于或等于1.40m；其深度应小于或等于0.60m	未规定	未规定
卫生间	面积	未规定	1.坐便器、浴盆、洗面盆（三件洁具），应大于或等于4.50m²； 2.坐便器、浴盆、洗面盆（三件洁具），应大于4.00m²； 3.坐便器、浴盆（二件洁具），应大于3.50m²； 4.坐便器、浴盆（二件洁具），应大于或等于3.00m²； 5.坐便器、洗面盆（二件洁具），应大于2.50m²； 6.单设坐便，应大于或等于2.00m²	设坐便器、洗浴器（浴盆或淋浴）、洗面盆三件卫生洁具的卫生间面积不应小于4.00m²；设坐便器、浴盆二件卫生洁具的卫生间面积不应小于3.00m²；设坐便器、洗面盆二件卫生洁具的卫生间面积不应小于2.50m²；单设坐便器的卫生间面积不应小于2.00m²	应保证轮椅进出，内部应设轮椅回转空间
	配置	未规定	未规定	未规定	内部应设置无障碍坐便器、无障碍洗手盆、无障碍淋浴间或盆浴间、低位挂衣钩、低位毛巾架、低位搁物架和救助呼叫装置
	龙头	未规定	冷热水龙头应选用混合式调节的杠杆或掀压式恒温水龙头	未规定	未规定
厨房	面积	未规定	1.一类和二类住宅厨房应大于或等于6.00m²； 2.三类和四类住宅厨房应大于7.00m²	厨房面积不应小于6.00m²	未规定
	位置	未规定	厨房应布置在门口附近，以方便轮椅进出，要有直接采光和自然通风	未规定	未规定

续表

对比内容		《方便残疾人使用的城市道路和建筑物设计规范》JGJ 50—88	《城市道路和建筑物无障碍设计规范》JGJ 50—2001	《无障碍设计规范》GB 50763—2012	《建筑与市政工程无障碍通用规范》GB 55019—2021
厨房	宽度	未规定	厨房净宽应大于或等于2.00m。双排布置设备的厨房净宽应大于或等于1.50m	未规定	未规定
	电器	未规定	应设冰箱位置和二人就餐位置	未规定	厨房设施和电器应方便乘轮椅者靠近和使用；
	操作台	未规定	1.高度宜为0.75~0.8m。 2.深度宜为0.50~0.55m。 3.台面下方净宽度应大于或等于0.60m；高度应大于或等于0.60m；深度应大于或等于0.25m。 4.吊柜柜底高度应小于1.20m；深度应小于或等于0.25m	供乘轮椅者使用的厨房，操作台下方净宽和高度都不应小于650mm，深度不应小于250mm	操作台面距地面高度应为700~850mm，其下部应留出不小于宽750mm、高650mm、距地面高度250mm范围内进深不小于450mm、其他部分进深不小于250mm的容膝容脚空间
	燃气灶	未规定	燃气灶及热水器方便轮椅靠近，阀门及观察孔的高度，应小于或等于1.10m。 炉灶应设安全防火，自动灭火及燃气报警装置	未规定	未规定
	油烟机	未规定	应设排烟及拉线式机械排油烟装置	未规定	未规定
	水槽	未规定	未规定	未规定	水槽应与工作台底部的操作空间隔开
阳台		未规定	阳台应设可升降的晒衣物设施。 阳台深度不应小于1.50m，向外开启的平开门应设关门拉手；阳台与居室地面高差不应大于15mm，并以斜面过渡	未规定	未规定

续表

<table>
<tr><th colspan="2">对比内容</th><th>《方便残疾人使用的城市道路和建筑物设计规范》JGJ 50—88</th><th>《城市道路和建筑物无障碍设计规范》JGJ 50—2001</th><th>《无障碍设计规范》GB 50763—2012</th><th>《建筑与市政工程无障碍通用规范》GB 55019—2021</th></tr>
<tr><td colspan="2">过道</td><td>未规定</td><td>户内门厅轮椅通行宽度不应小于1.50m；通往卧室、起居室（厅）、厨房、卫生间、贮藏室的过道宽度不应小于1.20m，墙体阳角部位宜做成圆角或切角；在过道一侧或两侧应设高0.80~0.85m的扶手</td><td>通往卧室、起居室（厅）、厨房、卫生间、储藏室及阳台的通道应为无障碍通道</td><td>未规定</td></tr>
<tr><td rowspan="2">门</td><td>类型</td><td>未规定</td><td>门扇应首先采用推拉门，其次是折叠门或平开门</td><td>未规定</td><td>未规定</td></tr>
<tr><td>开启净宽</td><td>未规定</td><td><table><tr><th>类别</th><th>门扇开启净宽/m</th></tr><tr><td>公用外门</td><td>1.00~1.10</td></tr><tr><td>户门</td><td>0.80</td></tr><tr><td>起居室门</td><td>0.80</td></tr><tr><td>卧室门</td><td>0.80</td></tr><tr><td>厨房门</td><td>0.80</td></tr><tr><td>卫生间门</td><td>0.80</td></tr><tr><td>阳台门</td><td>0.80</td></tr></table></td><td>未规定</td><td>未规定</td></tr>
<tr><td colspan="2">窗台高度</td><td>未规定</td><td>外窗窗台距地面的净高不应大于0.80m，同时应设防护设施</td><td>未规定</td><td>未规定</td></tr>
<tr><td colspan="2">窗执手</td><td>未规定</td><td>窗扇开启把手的高度不应大于1.20m，开启窗口应设纱窗</td><td>未规定</td><td>窗户可开启扇的执手或启闭开关距地面高度应为0.85~1.00m，手动开关窗户操作所需的力度不应大于25N</td></tr>
<tr><td rowspan="2">电气</td><td>按钮</td><td>未规定</td><td>居室和卫生间应设呼叫按钮</td><td>居室和卫生间内应设求助呼叫按钮</td><td>未规定</td></tr>
<tr><td>照明</td><td>未规定</td><td>阳台应设灯光照明；户内门厅、通道、卧室应设双控照明开关</td><td>未规定</td><td>未规定</td></tr>
</table>

续表

对比内容		《方便残疾人使用的城市道路和建筑物设计规范》JGJ 50—88	《城市道路和建筑物无障碍设计规范》JGJ 50—2001	《无障碍设计规范》GB 50763—2012	《建筑与市政工程无障碍通用规范》GB 55019—2021
电气	开关	未规定	电器照明开关应选用搬把式，高度应为0.90~1.10m	家具和电器控制开关的位置和高度应方便乘轮椅者靠近和使用	供使用者操控的照明、设备、设施的开关和调控面板应易于识别，距地面高度应为0.85~ 1.10m
	电表	未规定	卡式电表安装的高度不应大于1.20m	未规定	未规定
	插座数量	未规定	卧室、起居室（厅）两个单相三线和一个单相二线的插座两组； 厨房、卫生间防溅水型两个单相三线和一个单相二线组合插座一组； 布置洗机、冰箱、排气机械和空调器处专用单相三线插座各一个	未规定	未规定
	插座高度	未规定	起居室、卧室插座高度应为0.40m，厨房、卫生间插座高度宜为0.70~0.80m；电器、天线和电话插座高度为0.40~ 0.50m	未规定	未规定
	门铃	未规定	对讲机按钮与通话器高度应为1m	供听力障碍者使用的住宅和公寓应安装闪光提示门铃	无障碍住房的门禁应同时满足听觉障碍者、视觉障碍者和言语障碍者使用

设施二十二　轮椅席位

轮椅席位标准要求见表3–22。

表3–22　轮椅席位标准要求

对比内容	《方便残疾人使用的城市道路和建筑物设计规范》JGJ 50—88	《城市道路和建筑物无障碍设计规范》JGJ 50—2001	《无障碍设计规范》GB 50763—2012	《建筑与市政工程无障碍通用规范》GB 55019—2021
原则要求	未规定	设人观众席和听众席的公共建筑，应设轮椅席位。在轮椅席上观看演出和比赛的视线不应受至遮挡，但也不应遮挡他人视线。轮椅席位可集中设置，也可分段设置，平时可用作安放活动座椅等使用	在轮椅席位上观看演出和比赛的视线不应受到遮挡，但也不应遮挡他人的视线	轮椅席位的观看视线不应受到遮挡，并不应遮挡他人视线。轮椅席位区应通过无障碍通行设施与疏散出口、公共服务、卫生间、讲台等必要的功能空间和设施连接
设置位置	会堂、报告厅、影剧院及体育场馆等建筑的轮椅席，应设在便于疏散的出入口附近	轮椅席位设在便于到达和疏散及通道的附近	轮椅席位应设在便于到达疏散口及通道的附近，不得设在公共通道范围内	轮椅席位应设置在便于疏散的位置，并不应设置在公共通道范围内
轮椅席位净尺寸	轮椅席位深为1.10m，宽为0.80m	每个轮椅位占地面积不应小于1.10m × 0.80m	每个轮椅席位的占地面积不应小于1.10m × 0.80m	每个轮椅席位的净尺寸深度不应小于1.30m，宽度不应小于800mm
通道要求	未规定	不得将轮椅席设在公共通道范围内	观众厅内通往轮椅席位的通道宽度不应小于1.20m	未规定
陪护席位	未规定	未规定	在轮椅席位旁或在邻近的观众席内宜设置1∶1的陪护席位	在轮椅席位旁或邻近的座席处应设置1∶1的陪护席位

续表

<table>
<tr><th>对比内容</th><th>《方便残疾人使用的城市道路和建筑物设计规范》JGJ 50—88</th><th>《城市道路和建筑物无障碍设计规范》JGJ 50—2001</th><th>《无障碍设计规范》GB 50763—2012</th><th>《建筑与市政工程无障碍通用规范》GB 55019—2021</th></tr>
<tr><td>地面</td><td>轮椅席位置的地面应平坦无倾斜坡度，如周围地面有高差时，宜设高0.85m的栏杆或栏板</td><td>轮椅席位的地面应平坦，在边缘处应安装栏杆或栏板</td><td>轮椅席位的地面应平整、防滑，在边缘处宜安装栏杆或栏板</td><td>轮椅席位的地面坡度不应大于1：50</td></tr>
<tr><td>标识</td><td>未规定</td><td>应设无障碍标志</td><td>轮椅席位处地面上应设置无障碍标志</td><td>未规定</td></tr>
<tr><td>设置数量</td><td>影剧院可按每400个观众席设一个轮椅席。会堂、报告厅、体育场馆的轮椅席，可根据需要设置</td><td><table>
<tr><th>建筑类别</th><th>观众席位数</th><th>轮椅席位数</th></tr>
<tr><td>影剧院、音乐厅</td><td>500~1 500</td><td>≥2~4</td></tr>
<tr><td>体育馆、游泳馆（场）</td><td>2 000~6 000</td><td>≥4~6</td></tr>
<tr><td>体育场</td><td>20 000~60 000</td><td>≥6~10</td></tr>
<tr><td>小型场所、阅览室</td><td>500以下</td><td>≥1~2</td></tr>
</table></td><td>法庭、审判庭及为公众服务的会议及报告厅等的公众坐席座位数为300座及以下时应至少设置1个轮椅席位，300座以上时不应少于0.2%且不少于2个轮椅席位。
场馆内各类观众看台的坐席区都应设置轮椅席位，并在轮椅席位旁或邻近的坐席处，设置1∶1的陪护席位，轮椅席位数不应少于观众席位总数的0.2%。
报告厅、视听室、陈列室、展览厅等设有观众席位时应至少设1个轮椅席位。
观众厅内座位数为300座及以下时应至少设置1个轮椅席位，300座以上时不应少于0.2%且不少于2个轮椅席位。
设有演播电视等服务设施的，其观众区应至少设置1个轮椅席位</td><td>观众席为100座及以下时应至少设置1个轮椅席位；101~400座时应至少设置2个轮椅席位；400座以上时，每增加200个座位应至少增设1个轮椅席位</td></tr>
</table>

设施二十三　低位服务设施

低位服务设施标准要求见表3-23。

表3-23　低位服务设施标准要求

对比内容	《方便残疾人使用的城市道路和建筑物设计规范》JGJ 50—88	《城市道路和建筑物无障碍设计规范》JGJ 50—2001	《无障碍设计规范》GB 50763—2012	《建筑与市政工程无障碍通用规范》GB 55019—2021
设置范围	未规定	未规定	设置低位服务设施的范围包括问询台、服务窗口、电话台、安检验证台、行李托运台、借阅台、各种业务台、饮水机等	为公众提供服务的各类服务台均应设置低位服务设施，包括问询台、接待处、业务台、收银台、借阅台、行李托运台等
	未规定	未规定	未规定	当设置饮水机、自动取款机、自动售票机、自动贩卖机等时，每个区域的不同类型设施应至少有1台为低位服务设施
轮椅空间	未规定	未规定	低位服务设施前应有轮椅回转空间，回转直径不小于1.50m	低位服务设施前应留有轮椅回转空间
尺寸	未规定	未规定	低位服务设施上表面距地面高度宜为700~850mm，其下部宜至少留出宽750mm、高650mm、深450mm供乘轮椅者膝部和足尖部的移动空间。挂式电话离地不应高于900mm	低位服务设施的上表面距地面高度应为700~850mm，台面的下部应留出不小于宽750mm、高650mm、距地面高度250mm范围内进深不小于450mm、其他部分进深不小于250mm的容膝容脚空间

设施二十四　无障碍标识

无障碍标识标准要求见表3-24。

表3-24　无障碍标识标准要求

对比内容	《方便残疾人使用的城市道路和建筑物设计规范》JGJ 50—88	《城市道路和建筑物无障碍设计规范》JGJ 50—2001	《无障碍设计规范》GB 50763—2012	《建筑与市政工程无障碍通用规范》GB 55019—2021
设置要求	符合本规定的道路、桥梁及公共建筑物应在显著位置上安装国际通用标志牌	政府机关与主要公共建筑的无障碍通路、停车车位、建筑入口、服务台、电梯、公共厕所或专用厕所、轮椅席、客房等无障碍设施的位置及走向，应设国际通用的无障碍标志牌	无障碍标志应纳入城市环境或建筑内部的引导标志系统，形成完整的系统，清楚地指明无障碍设施的走向及位置，无障碍标志应醒目，避免遮挡	无障碍标识应纳入室内外环境的标识系统，应连续并清楚地指明无障碍设施的位置和方向。无障碍设施处均应设置无障碍标识
安装位置	未规定	未规定	未规定	无障碍标志的安装位置和高度应保证从站立和座位的视觉角度都能够看见，并且不应被其他任何物品遮挡
标志牌尺寸	标志牌尺寸为0.10~0.45m的正方形	未规定	未规定	未规定
标志牌图案文字	白色轮椅图案黑色衬底或相反，轮椅面向右侧。加文字或方向说明时，其颜色应与衬底形成鲜明对比。所示方向为左行时，轮椅面向左侧	未规定	未规定	未规定
信息内容	1.指示建筑物出入口及安全出口； 2.指示建筑物内、外通路；	未规定	未规定	未规定

续表

对比内容	《方便残疾人使用的城市道路和建筑物设计规范》JGJ 50—88	《城市道路和建筑物无障碍设计规范》JGJ 50—2001	《无障碍设计规范》GB 50763—2012	《建筑与市政工程无障碍通用规范》GB 55019—2021
信息内容	3. 指示专用空间位置； 4. 指示城市道路、桥梁等设施			
分类	未规定	未规定	无障碍设施标志牌、带指示方向的无障碍设施标志牌	对需要安全警示处，应同时提供包括视觉标识和听觉标识的警示标识
盲文标识	未规定	未规定	盲文标志可分为盲文地图、盲文铭牌、盲文站牌	未规定
盲文	未规定	未规定	盲文标志的盲文必须采用国际通用的盲文表示方法	未规定

附录A 典型无障碍元素图例

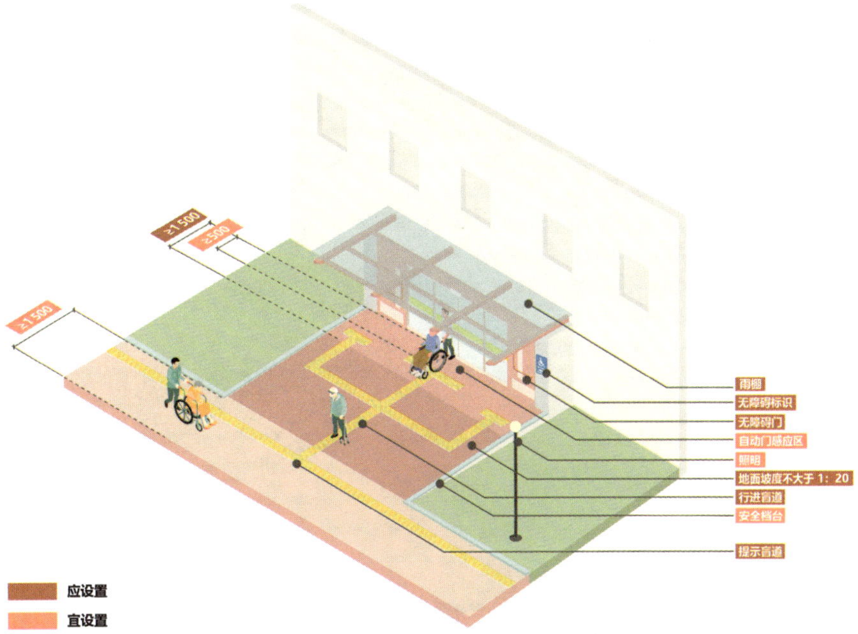

平坡出入口

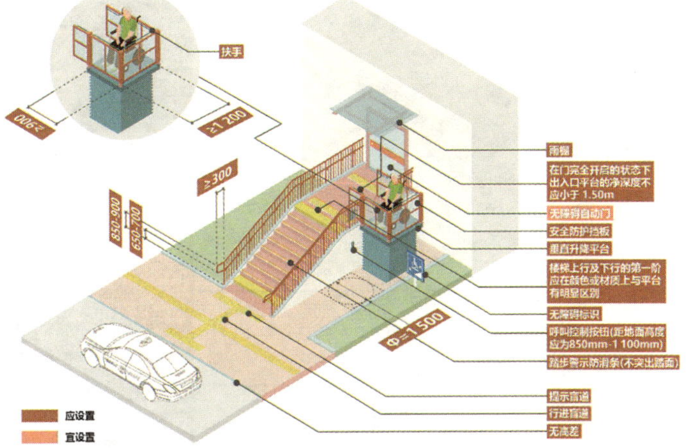

同时设置台阶和升降平台的出入口

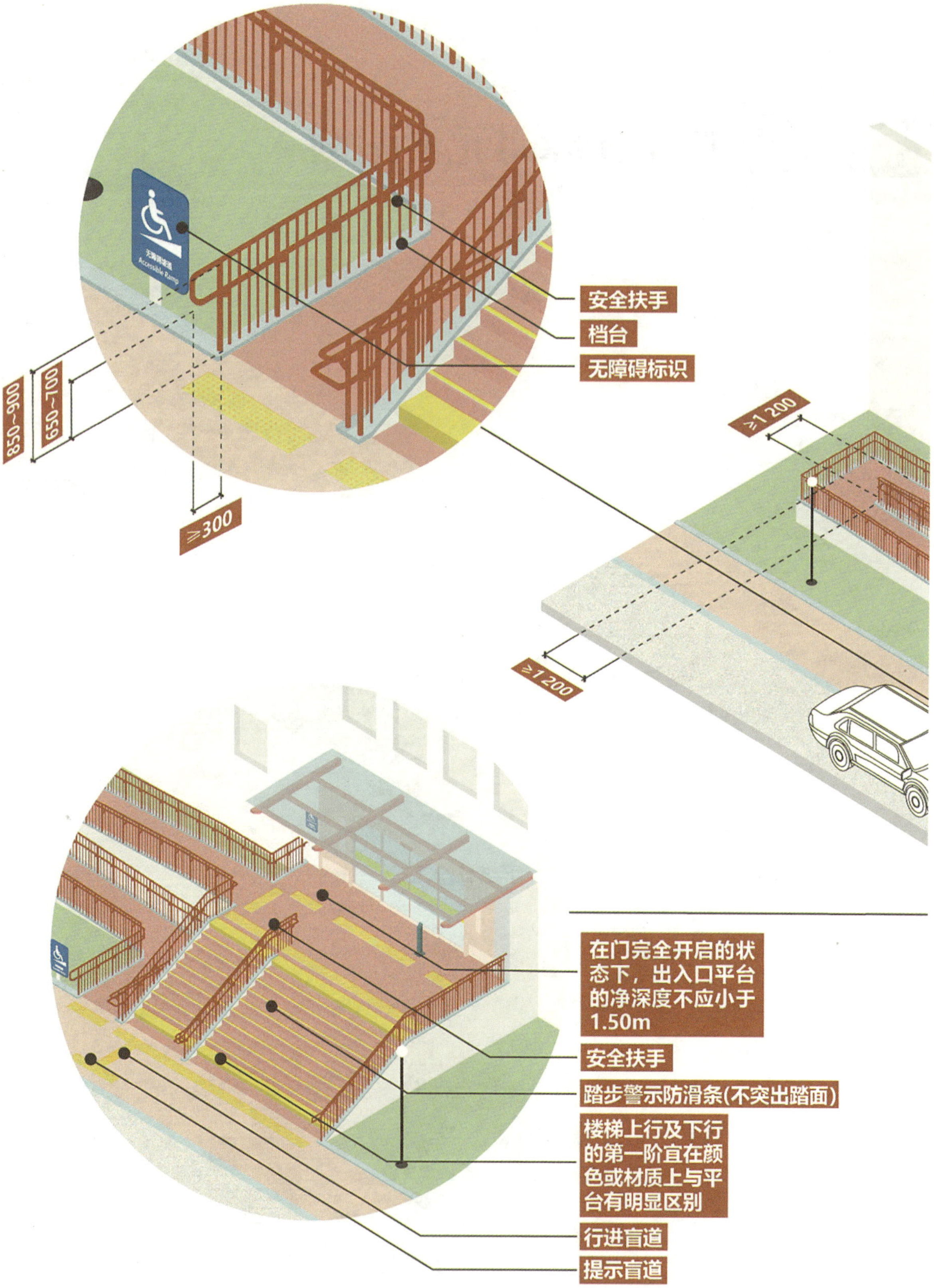
无障碍坡道
Accessible Ramp
安全扶手
档台
无障碍标识
850~900
650~700
≥300
≥1 200
≥1 200
在门完全开启的状态下，出入口平台的净深度不应小于1.50m
安全扶手
踏步警示防滑条(不突出踏面)
楼梯上行及下行的第一阶宜在颜色或材质上与平台有明显区别
行进盲道
提示盲道

台阶和轮椅坡道细节

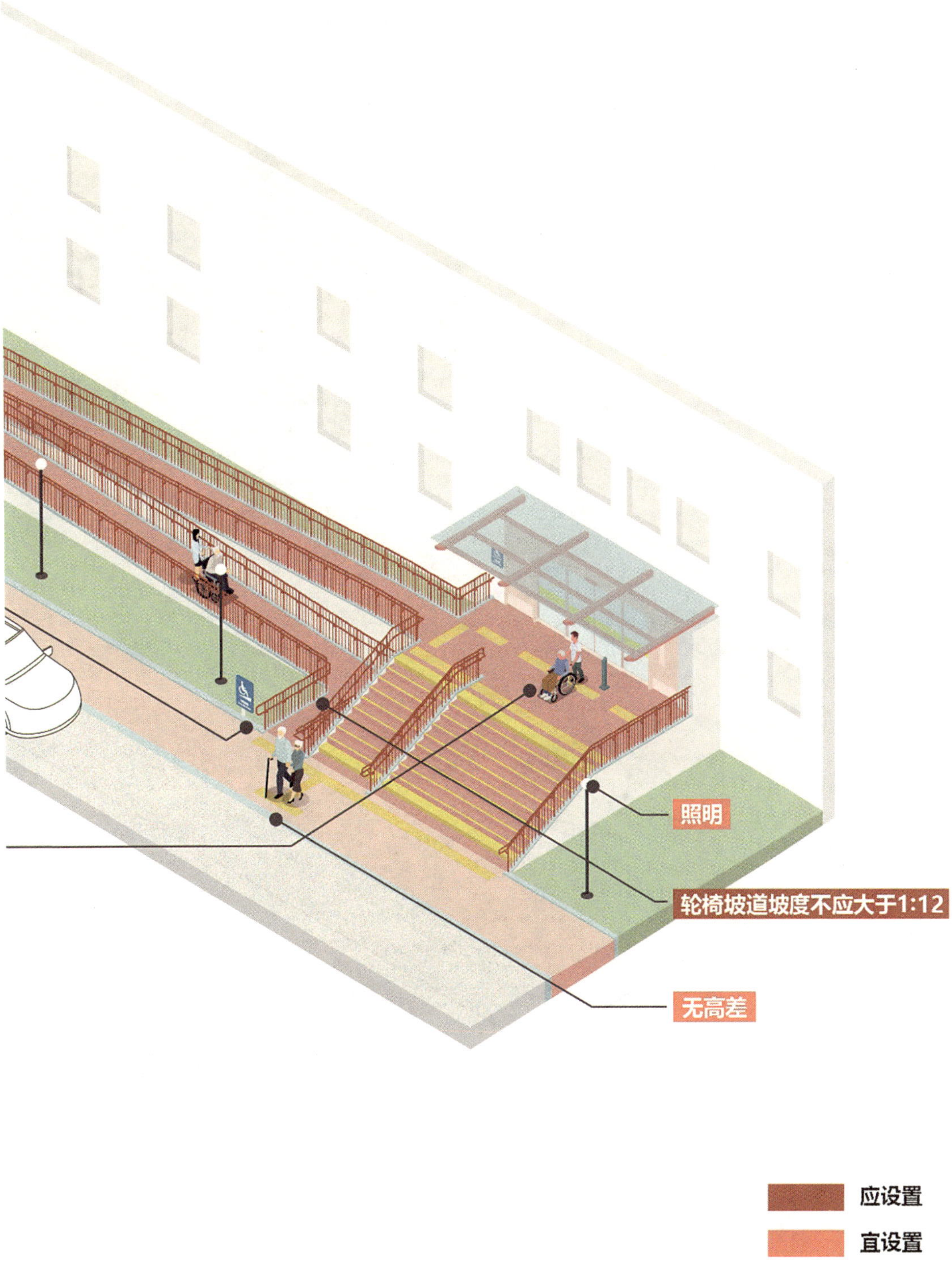

同时设置台阶和轮椅坡道的出入口

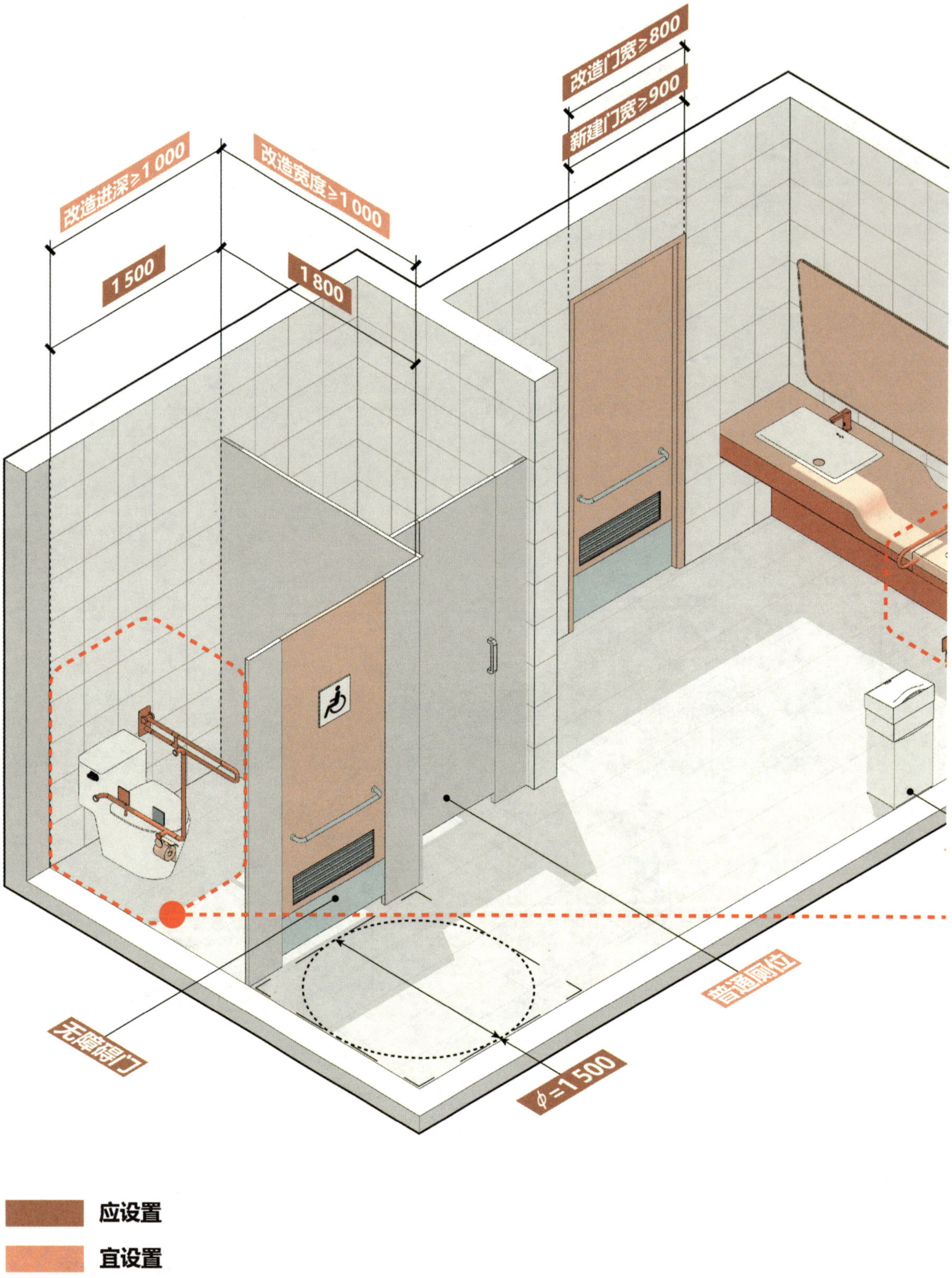
改造进深≥1 000
改造宽度≥1 000
1 500
1 800
改造门宽≥800
新建门宽≥900
无障碍门
普通厕位
ϕ=1 500
应设置
宜设置

公共厕所无障碍设计

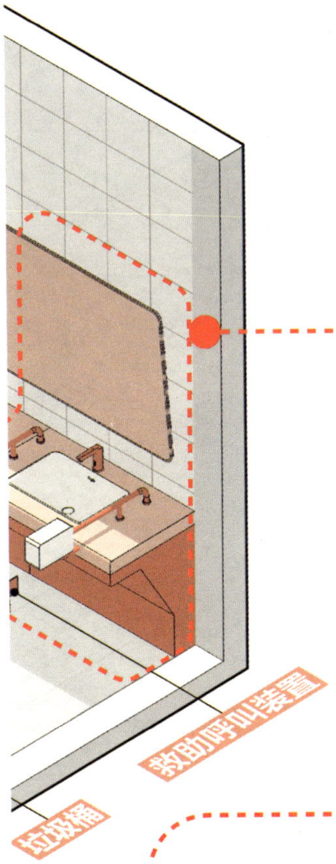

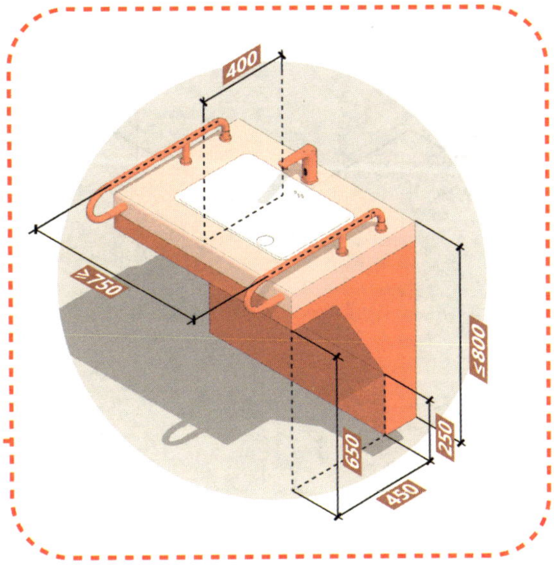

无障碍洗手盆

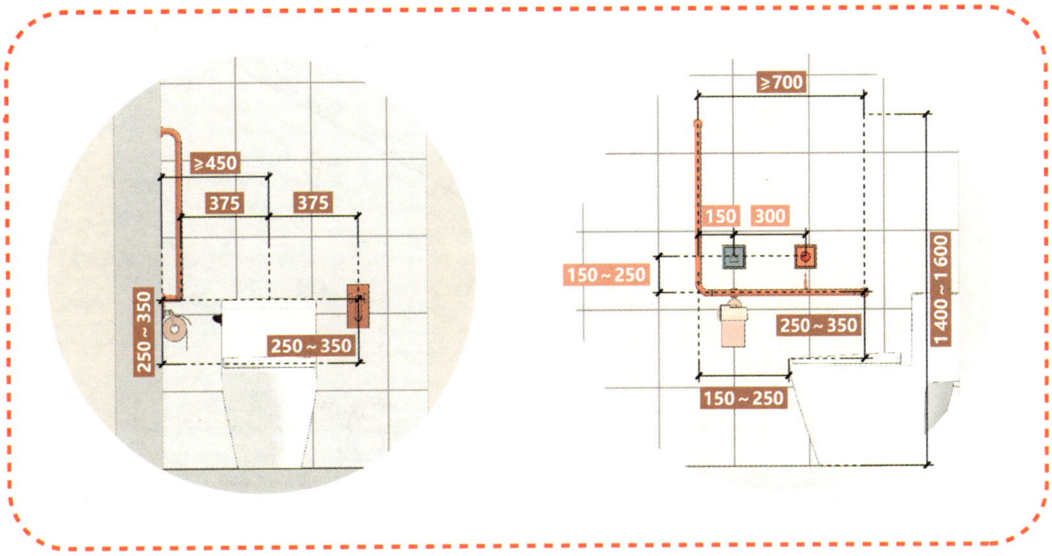

无障碍坐便器

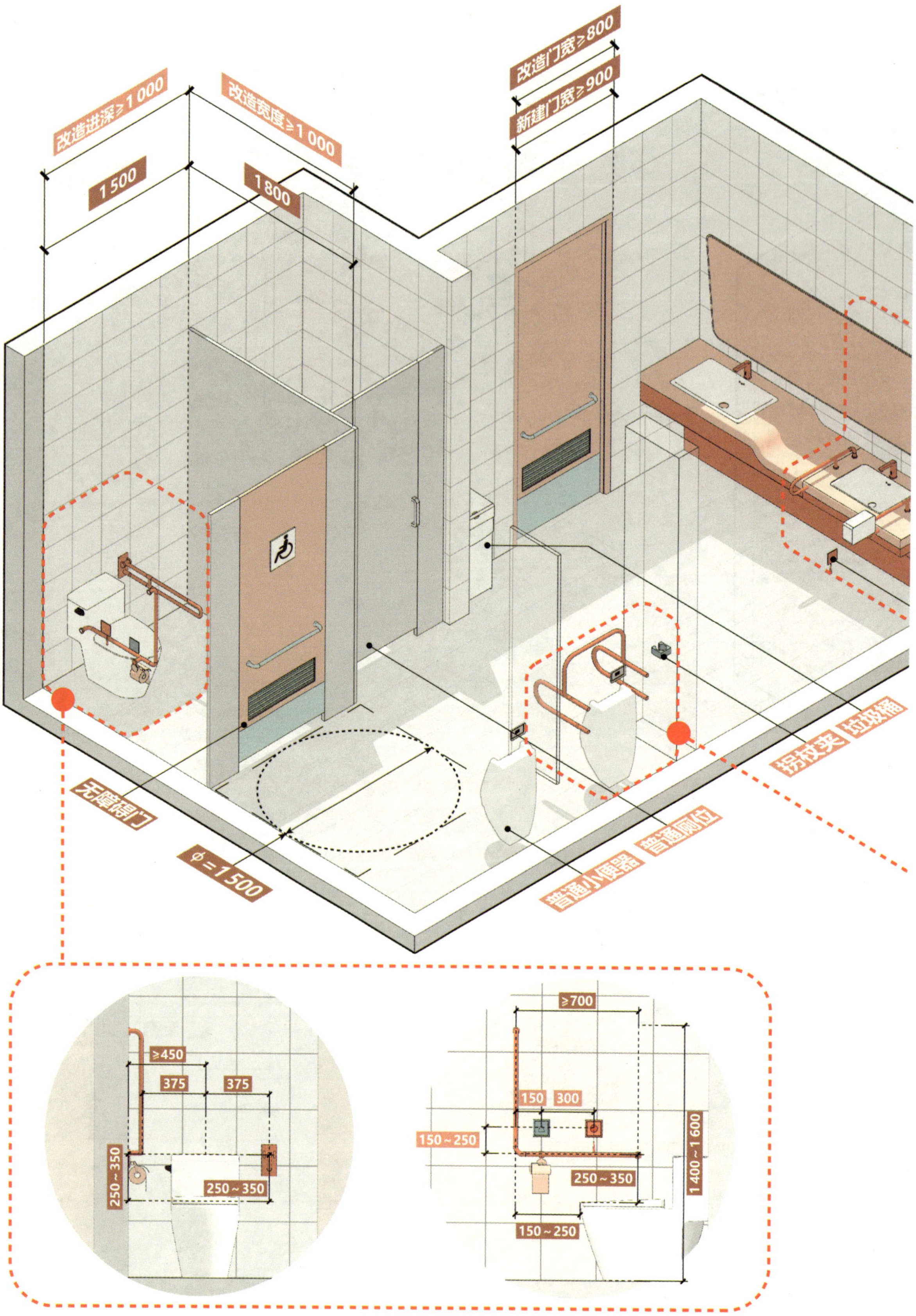
改造进深≥1 000
改造宽度≥1 000
1 500
1 800
改造门宽≥800
新建门宽≥900
无障碍门
φ=1 500
普通小便器
普通厕位
拐杖夹
垃圾桶
≥450
375
375
250~350
250~350
≥700
150
300
150~250
250~350
1 400~1 600
150~250

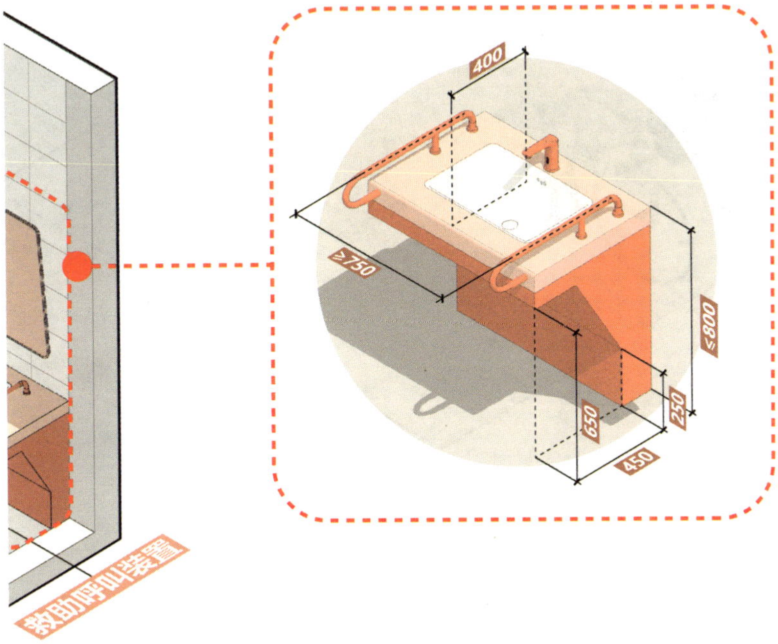

无障碍洗手盆

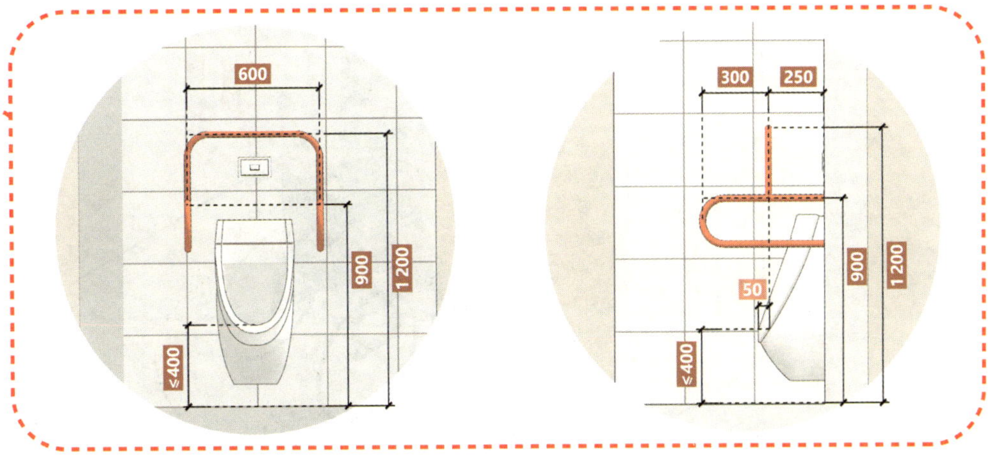

无障碍小便器

应设置

宜设置

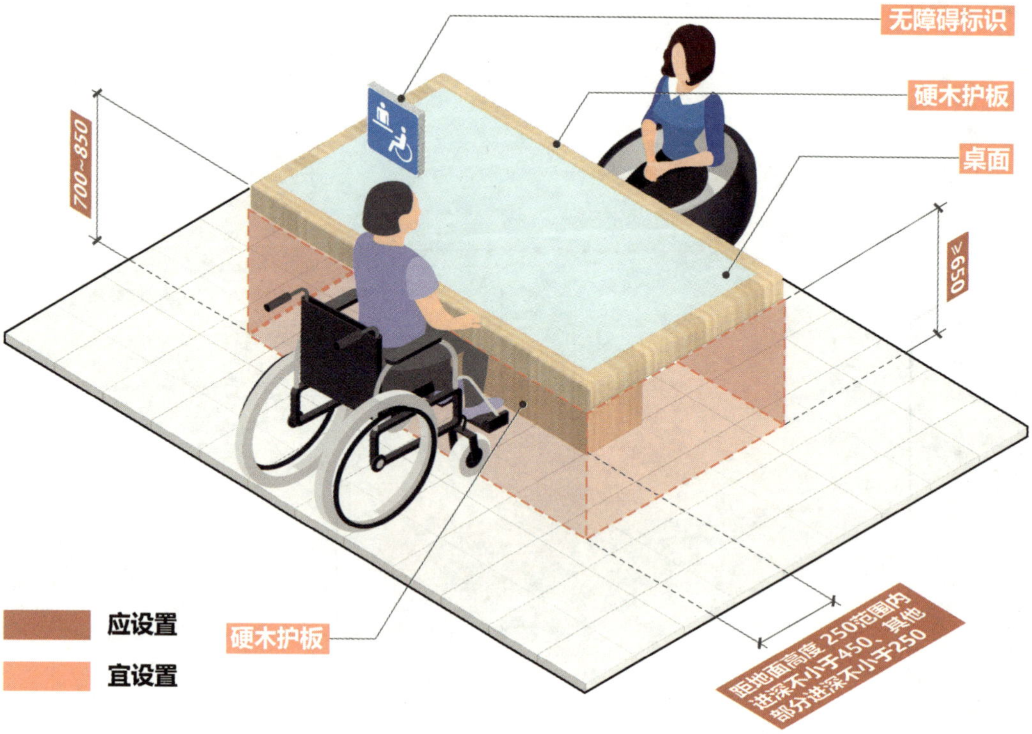

无障碍标识
硬木护板
桌面
700~850
≥650
应设置
宜设置
硬木护板
距地面高度 250范围内进深不小于450、其他部分进深不小于250

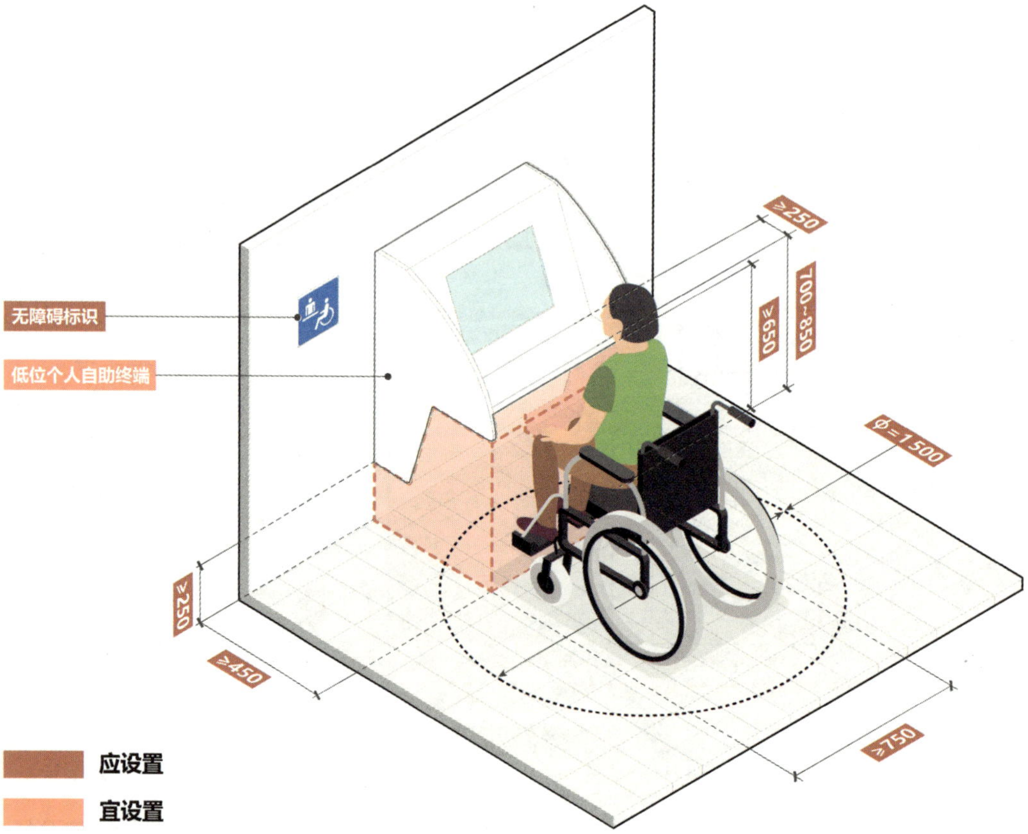

无障碍标识
低位个人自助终端
≥250
≥650
700~850
Ø=1500
≥250
≥450
≥750
应设置
宜设置

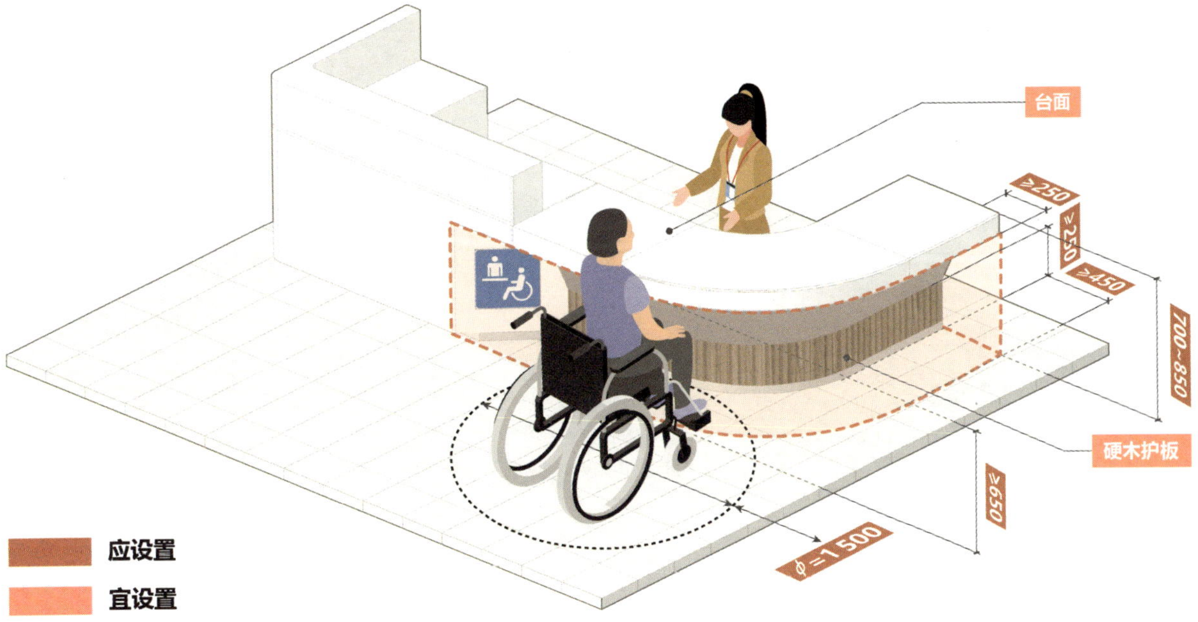
台面
≥250
≥250
≥450
700~850
硬木护板
≥650
φ=1 500
应设置
宜设置

附录B《管理办法》

住房和城乡建设部　中国残联关于印发创建全国无障碍建设示范城市（县）管理办法的通知

建城〔2022〕58号

各省、自治区住房和城乡建设厅、残联，直辖市住房和城乡建设（管）委、城市管理委（局）、园林绿化（绿化和市容管理）局、残联，新疆生产建设兵团住房和城乡建设局、残联：

全国评比达标表彰工作协调小组于2022年6月1日批复同意设立“全国无障碍建设示范城市（县）”创建示范项目。为规范开展全国无障碍建设示范城市（县）创建活动，现将《创建全国无障碍建设示范城市（县）管理办法》印发给你们，请遵照执行。

住房和城乡建设部

中国残联

2022年7月22日

创建全国无障碍建设示范城市（县）管理办法

为贯彻落实《无障碍环境建设条例》要求，加强对创建全国无障碍建设示范城市（县）活动的指导监督，规范申报与认定管理，制定本办法。

一、总则

（一）本办法适用于创建全国无障碍建设示范城市（县）的申报、认定、动态管理及复查等工作。

（二）创建全国无障碍建设示范城市（县）遵循自愿申报、自主创建、科学认定、动态管理、持续建设和复查的原则。

（三）住房和城乡建设部、中国残联负责创建全国无障碍建设示范城市（县）的申报与认定管理工作，为创建工作提供政策指导，总结推广无障碍环境建设示范模式。

二、创建主体

城市（含直辖市的区）、县人民政府。

三、创建区域范围

城市（含直辖市的区）、县的建成区。

四、申报条件

申报创建全国无障碍建设示范城市（县）的地方（以下简称申报地方）应符合以下

条件：

（一）对照《创建全国无障碍建设示范城市（县）考评标准》，提出创建目标、制定创建工作方案，编制无障碍环境建设发展规划，制定无障碍设施建设和改造计划，在创建周期内能够达到相应要求；

（二）建立无障碍环境建设工作协调机制，制定相应的地方性法规或规章制度；

（三）加强无障碍设施的运行维护管理，并广泛发挥社会监督作用；

（四）组织开展无障碍环境建设培训和宣传工作，形成良好的舆论氛围；

（五）积极推进信息无障碍建设，提供无障碍信息交流服务；

（六）对包括残疾人、老年人在内的社会成员开展满意度调查，满意度达到80%以上；

（七）近2年未发生严重违背无障碍环境建设的事件，未发生重大安全、污染、破坏生态环境、破坏历史文化资源等事件，未发生严重违背城乡发展规律的破坏性“建设”行为，未被省级以上人民政府或住房和城乡建设主管部门通报批评。

五、创建程序

创建全国无障碍建设示范城市（县）每2年开展一次评选，奇数年为申报年，偶数年为评选年。

（一）申报地方向省级住房和城乡建设主管部门报送创建申请报告，提出创建目标和方案。其中，直辖市作为申报地方的，由直辖市人民政府将创建申请报告报送住房和城乡建设部。

（二）省级住房和城乡建设主管部门、残联对申请报告进行初审，遴选出创建目标和方案科学合理的申报地方。由省级住房和城乡建设主管部门于申报年的6月30日前将申请报告报送住房和城乡建设部。

（三）住房和城乡建设部、中国残联于申报年的12月31日前审核确认申报地方名单，对名单中的申报地方创建全过程跟踪指导，给予政策和技术支持。

（四）省级住房和城乡建设主管部门、残联对照《创建全国无障碍建设示范城市（县）考评标准》组织对申报地方进行评估，对评估总分达80分（含）以上的申报地方，由省级住房和城乡建设主管部门于评选年的6月30日前将评选认定材料报送住房和城乡建设部。其中，直辖市作为申报地方的，自行组织评估达标后由直辖市人民政府将评选认定材料报送住房和城乡建设部。

（五）住房和城乡建设部、中国残联于评选年的12月31日前完成认定命名。

六、评选认定材料

申报地方采用线上线下相结合的方式提交评选认定材料。评选认定材料要真实准确、简明扼要，各项指标支撑材料的种类、出处及统计口径明确，有关资料和表格填写规范。

认定材料主要包括：

（一）创建申请报告；

（二）创建工作情况报告；

（三）创建范围示意地图；

（四）申报地方自体检报告（应包括《创建全国无障碍建设示范城市（县）考评标准》各项指标）；

（五）评估结果及有关依据资料；

（六）不少于4个能够体现本地无障碍环境建设成效和特色的示范项目相关资料。其中，城市（含直辖市的区）作为申报地方的，至少提供2个以上街道、社区级示范项目；县作为申报地方的，至少提供2个以上镇、村级示范项目。

（七）创建工作影像资料（5分钟内）或图片资料；

（八）能够体现工作成效和特色的其他资料。

七、评选认定组织管理

（一）住房和城乡建设部、中国残联负责组建评选专家组（以下简称专家组），其成员从住房和城乡建设部城市奖项评选专家委员会中选取。专家组负责评选认定材料预审、现场考评及综合评议等具体工作。

参与申报地方所在省（自治区、直辖市）组织的省级评估工作，或为申报地方提供技术指导的专家，原则上不得参与住房和城乡建设部、中国残联组织的对该申报地方的评选工作。

（二）申报地方在评选认定材料或评选过程中有弄虚作假行为的，取消当年申报资格。

八、评选认定程序

（一）评选认定材料预审。

专家组负责评选认定材料预审，形成预审意见。

（二）第三方评价。

住房和城乡建设部、中国残联组织第三方机构，结合城市体检，对无障碍环境建设情况进行第三方评价。第三方评价结果作为评选认定的重要参考。

（三）社会满意度调查。

住房和城乡建设部、中国残联组织第三方机构，了解当地居民对申报地方无障碍环境建设工作的满意度。社会满意度调查结果作为评选认定的重要参考。

（四）现场考评。

根据预审意见、第三方评价和社会满意度调查结果，由专家组提出现场考评建议名单，报住房和城乡建设部、中国残联审核。对通过审核的申报地方，由专家组进行现场考评。

申报地方至少应在专家组抵达前两天，在当地不少于两个主要媒体上向社会公布专家组工作时间、联系电话等相关信息，便于专家组听取各方面的意见、建议，并组织包括残疾人、老年人在内的当地居民报名参与现场考评。

现场考评程序：

1.听取申报地方的创建工作汇报；

2.查阅评选认定材料及有关原始资料；

3.随机抽查当地创建工作及示范项目应用情况（抽查的示范项目不少于2个），对群众举报和媒体曝光问题线索进行核查；

4.专家组选定包括残疾人、老年人在内的当地居民代表参与现场考评，并将其意见作为现场考评意见的重要参考；

5.专家组成员在独立提出意见和评分结果的基础上，经集体讨论，形成现场考评意见；

6.专家组就现场考评中发现的问题及建议进行现场反馈；

7.专家组将现场考评意见书面报住房和城乡建设部、中国残联。

（五）综合评议。

住房和城乡建设部、中国残联组织综合评议，形成综合评议意见，确定创建全国无障碍建设示范城市（县）建议名单。

（六）公示及命名。

创建全国无障碍建设示范城市（县）建议名单在住房和城乡建设部门户网站公示，公示期为10个工作日。公示无异议的，由住房和城乡建设部、中国残联正式命名。

九、动态管理及复查工作

创建全国无障碍建设示范城市（县）命名有效期为5年。

（一）已获创建全国无障碍建设示范城市（县）命名的地方（不含直辖市）应于有效期满前一年向省级住房和城乡建设主管部门提出复查申请，并提交自评报告。未申请复查的，称号不再保留。复查按照现行的管理办法和考评标准开展。

（二）省级住房和城乡建设主管部门、残联于有效期满前半年完成复查，并将复查报告报送住房和城乡建设部。获命名直辖市由直辖市人民政府将复查报告报送住房和城乡建设部。

（三）住房和城乡建设部受理省级住房和城乡建设主管部门和直辖市人民政府报送的复查报告，住房和城乡建设部、中国残联于有效期届满前组织完成抽查复核。

（四）复查通过的地方，继续保留其创建全国无障碍建设示范城市（县）称号；对于未通过复查且在一年内整改不到位的，撤销其称号。保留称号期间发生严重违背无障碍环境建设的事件，发生重大安全、污染、破坏生态环境、破坏历史文化资源等事件，违背城乡发展规律的破坏性“建设”行为的，给予警告直至撤销称号。被撤销创建全国无障碍建设示范城市（县）称号的，不得参加下一申报年度的申报与评选。

发现省级住房和城乡建设主管部门在复查过程中弄虚作假的，暂停受理该省（自治区、直辖市）下一申报年度创建全国无障碍建设示范城市（县）的申报。

十、附则

本办法由住房和城乡建设部、中国残联制定，由住房和城乡建设部负责解释。

附件：创建全国无障碍建设示范城市（县）考评标准

附件

创建全国无障碍建设示范城市（县）考评标准

序号	目标	指标	指标释义	指标类型	指标要求	评分标准
1	一、安全便捷	新建道路通达率（%）	符合无障碍要求的新建道路数量占新建道路总数比例	底线指标	100%	5分
2		既有道路无障碍改造达标率（%）	符合无障碍要求的既有道路改造数量占既有道路改造数量比例	导向指标	80%	6分
3		新建公共交通设施通达率（%）	符合无障碍要求的新建公共交通设施数量占新建公共交通设施总数比例	底线指标	100%	5分
4		既有公共交通设施无障碍改造达标率（%）	符合无障碍要求的既有公共交通设施改造数量占既有公共交通设施改造数量比例	导向指标	80%	5分
5		市内公共交通线路无障碍达标率（%）	符合无障碍要求的市内公共交通线路数量占市内公共交通线路总数比例	导向指标	80%	5分
6		应急避难场所无障碍设施设置率（%）	符合无障碍要求的应急避难场所数量占应急避难场所总数比例	底线指标	100%	5分
7	二、健康舒适	新建居住社区无障碍设施设置率（%）	符合无障碍要求的新建居住社区数量占新建居住社区总数比例	底线指标	100%	5分
8		既有居住社区无障碍改造达标率（%）	符合无障碍要求的既有居住社区改造数量占既有居住社区改造数量比例	导向指标	80%	6分
9		新建居住建筑无障碍设施设置率（%）	符合无障碍要求的新建居住建筑数量占新建居住建筑数量比例	底线指标	100%	5分
10		既有居住建筑无障碍改造达标率（%）	符合无障碍要求的既有居住建筑改造数量占既有居住建筑改造数量比例	导向指标	80%	5分
11		困难重度残疾人家庭无障碍改造率（%）	实施改造的困难重度残疾人家庭数量占计划改造的困难重度残疾人家庭总数比例	底线指标	100%	5分
12		特殊困难老年人家庭适老化改造率（%）	实施改造的特殊困难老年人家庭数量占计划改造的特殊困难老年人家庭总数比例	底线指标	100%	5分

续表

序号	目标	指标	指标释义	指标类型	指标要求	评分标准
13	三、多元包容	新建公共建筑无障碍设施设置率（%）	符合无障碍要求的新建公共建筑数量占新建公共建筑总数比例	底线指标	100%	5分
14		既有公共建筑无障碍改造达标率（%）	符合无障碍要求的既有公共建筑改造数量占既有公共建筑改造总数比例	导向指标	80%	6分
15		公园绿化活动场地、广场无障碍设施设置率（%）	符合无障碍要求的公园绿化活动场地、广场数量占公园绿化活动场地、广场总数比例	导向指标	100%	6分
16		独立式公共厕所无障碍设施设置率（%）	符合无障碍要求的独立式公共厕所数量占独立式公共厕所总数比例	导向指标	80%	6分
17		福利及特殊服务建筑无障碍设施设置率（%）	符合无障碍要求的福利及特殊服务建筑数量占福利及特殊服务建筑总数比例	底线指标	100%	5分
18		政府网站、政务APP无障碍和适老化建设达标率（%）	符合无障碍和适老化要求的政府网站、政务APP数量占政府网站、政务APP总数比例	导向指标	80%	5分
19		无障碍信息交流服务覆盖率（%）	提供无障碍服务的公共信息服务平台（新闻类电视节目、公共图书馆等）数量占提供公共信息服务平台总数（新闻类电视节目、公共图书馆等）比例	导向指标	80%	5分

注：各项指标考评期限自申报年起计算。